歡喜來煮食

以料理滋養生活，作家吳鳴的42篇日常食記

吳鳴——著

作者序

從家常菜裡找到煮食的樂趣

臺灣俗諺云：「食飯皇帝大。」生活裡還有什麼比飽餐一頓更重要的事呢！

美食家逯耀東教授常說可以吃得飽，也可以吃得好。吃得飽是解決基本民生問題，一包泡麵，一碗魯肉飯，一盤蛋炒飯，都可以填飽肚子。吃得好是藝術，山珍海味，鮑魚燕窩魚翅，口袋深度夠，銀兩足，愛怎麼吃就怎麼吃。諺云富貴三代方懂吃穿，良有以也。逯師父為飲食名家，是臺灣第一位在大學開設飲食文化史的學者，在前輩林語堂、唐魯孫、梁實秋的飲饌書寫之後，逯耀東教授的《祇剩下蛋炒飯》，具承先啟後之功，當代美食家朱振藩、飲食文化名家焦桐，多蒙其惠。我就讀研究所時偶陪師長們宴飲，深受逯師父飲食文化之教。

吃是一回事，煮食是另一回事，有人說得一口好菜，有人做得一手好菜。我是業餘買菜煮飯工作者，音樂、書寫、運動和煮食是我生活日常之四柱。故友康樂昔時喜說「吳鳴除了歷史，其他都是專家」，師友們聞其言而信為真，老覺著我不務正業。我的專業是乞食講堂，在大學歷史系討一口飯吃，乃宣稱自己是業餘買菜煮飯工作者，蓋因我的東海歷史系學長曹銘宗稱自己是專業買菜煮飯工作者，我在學校教書，教書才是我的專業，故爾只能是業餘買菜煮飯工作者。我能略識飲食文化之道，多受逯耀東師父之教；惟我的煮食來自姆媽，乃係家傳。

姆媽是客家餔娘人，手腳麻利，是煮食好手，尤擅做粄，或許遺傳自外婆。外婆住在竹北媽祖廟後面，八十幾歲了還常年在街路粄店幫忙；姆媽繼承外婆的好手藝，做粄信手拈來，無一不佳。姆媽是左手慣用者，但右手與左手同樣利索。家裡用大竈煮菜，姆媽切菜、炒菜，左右開弓，猶若周伯通空明拳之左右互搏。憶童年時，每天早晨，父親五點出門，姆媽四點半起床，起大竈燒飯、煮食。客家人早餐不吃稀飯，姆媽煮飯加兩三道菜，半小時了事，好讓父親在天未光時下田。我從小在竈邊長大，但自己動手煮食卻是在離家以後。

姆媽在我而立的四年後過身，母子未得好好告別，於是我用煮食與姆媽和解，學習姆媽當個好廚師。

我喜歡在傳統市場買菜，市場裡人聲鼎沸，熱鬧滾滾，是臺灣最富生命力的地方。除了偶爾到東門市場和南門市場買些外省菜系食材，我大部分時候在住家附近的木新傳統市場買菜。木柵是一個族群混居的社區，雖然軍公教人員居多，但在地之張家、高家為福佬人，故爾木新市場可以買到許多臺灣當地食材，惟亦有一些外省食材攤位，應付日常吃食足足有餘。因常年在木新市場買菜，菜攤、肉攤、魚攤老闆見面總是親切地和我打招呼。兩個豬肉攤子隔鄰，有時買了這家覺得對那家不好意思，於是五花肉買這家，離緣肉買那家，豬腳、子排亦各買一攤。

我喜歡用二號片肉刀切菜，因為是薄刀，碰觸砧板時鏗鏘作響，令我心情感到愉悅；湯鍋燒滾的咕嚕聲，於我猶似天籟。講到吃飯和做菜就眉飛色舞的人，生活日常總是人間愉快（借用酒党党魁曾永義院士語）。電影《帕爾曼的音樂遍歷》有一段訪問，記者問帕爾曼最喜歡的音樂是什麼？帕爾曼說：「熱鍋裡咖哩滾動的嗶哩啵囉聲，是人間最美妙的音樂。」

除了承襲姆媽的煮食手路，為拓展菜色，廣讀食譜，轉益多師，尤為愛煮食者必經之路；網路時代的 YouTube 影片，為煮食者汲取養分之重要資源，我亦深受其惠。但煮食之神明變化，更重要的是存乎一心。有許多朋友告訴我喜歡煮食，看了食譜和教學影片，切切弄弄半天，仍做不成一餐飯，煞是苦惱，我完全理解這種心情。做好一道菜沒問題，讀讀食譜，看看影片，一回生二回熟，總能把菜做好。做一餐飯的搭配則需從心上化為在手上，要先想好三菜一湯、四菜一湯怎麼配，腦子裡先走過一遍，方能得心應手。

有些女性友人受媒體影響，腦子裡記存一日五蔬果，五色蔬菜之類的印象，覺得蔬果尤其是葉菜有益健康，聚餐時說好每人點一道菜，結果五個女性朋友點了五道葉菜，看得我都傻眼了，我又不是牛，專門吃草。我對葷食並無特別喜好，吃蔬食完全沒問題，但一口氣吃五種葉菜，猶仍敬謝不敏。昔時陪逯耀東師父食飯，逯師父點菜的口訣是是海陸空，動植物，根莖葉花果，後來我點菜即秉持師訓，煮食亦然。如果做三菜一湯或四菜一湯，心裡的食材會先有海陸空，動植物的基本配料，盡量不犯重。

新世紀以後，食譜和飲食文化之書如雨後春筍，作者各出機杼，內容精彩。裴偉《裴社長廚房手記》、《裴社長廚房手記 II》，以宴客菜為主，讀者家筵請客時，可按圖索驥。韓良憶《好吃不過家常菜：韓良憶的廚房手帖》，以外省菜系家常菜為主，很適合自煮者日常參考。焦桐《味道福爾摩莎》、《味道臺北舊城區》等，不僅是食譜，更豐富的內容是飲食文化。蔡珠兒《紅燜廚娘》以多樣化的描寫、豐富的意象，別具特色之語言文字呈現飲食散文，從食材到烹煮，精工細緻。曹銘宗、翁佳音《吃的臺灣史》，對臺灣飲食文化如數家珍；曹銘宗另有《蚵仔煎的身世：臺灣食物名小考》，《花飛、花枝、花蠘仔：臺灣海產名小考》，對各種魚類和臺灣沿海海產，考訂詳確、深入。江冠明《帶著菜刀去旅行》多創意料理，是非典型的另類食譜。詹宏志《舊日廚房》細述他如何複製母親、岳母和妻子王宣一的拿手菜，深邃感人。凌煙《舌尖上的人生廚房》、《文學廚房的人生百味》，對中南部臺灣鄉土菜式，多所著墨，深入淺出。

本書屬偶然戲筆，緣起於在網路社群媒體撰寫日常食記，有些朋友看了覺得有趣，鼓勵我集結出版，好讓他們照方抓藥。前述飲食文化之書，多屬食譜；本書係信手之作，積稿成書，誼屬食記。

書分四卷，以音樂曲式為名，卷一前奏曲，顧名思義即煮食的各項準備；卷二客家歌所錄各篇以客家菜為主體；卷三臺灣調以臺灣菜為內容；卷四唐山謠所錄篇章多外省菜系。

此書並非計劃寫作，而是成稿後，以類相從，略加增補，並新寫數篇廚房用器與煮食基本功，方便讀者能輕鬆煮食，做出一頓暖心暖胃的膳食。

卷一前奏曲所錄包括我煮食的源頭，學習姆媽當個好廚師，用煮食與姆媽和解，部分篇章敘述廚房用器，諸如煮器、刀具之類的廚房基本配備，油鹽醬醋酒等酢料，晾菜、整理食材、冷凍櫃對愛煮者的方便性，煮食基本功等等。因許多愛煮者害怕煎魚，而煎魚是除了蒸魚、烤魚和魚湯之外，大部分魚膳之基本，幾乎所有後製加工魚都是先煎好魚（或過油，即炸），再加工後製；諸如紅燒、蒜燒、蔥燒、豆瓣，甚至黃魚煨麵、鯧魚米粉、烏魚米粉，其前置作業皆為乾煎。魚煎不好，各種後製加工魚膳就不必談了，故爾將煎魚起手式列於卷一，各式後製加工魚則散見書中其餘篇章。

卷二客家歌以我的出身客家菜式為主，諸如客家阿婆無瓜不封，覆菜的前世今生，鳳梨入菜，客家鹹粄圓，老菜脯雞湯等常見客家菜式。但在煮食過程中亦混雜臺菜和外省菜，篇名僅呈示那頓飯以何菜為主體，一餐飯常是各菜式融合。

卷三臺灣調以福佬菜系為主，即一般名之曰臺灣菜者，一夜干，蚵仔煎，阿嬤的白菜滷，冬筍魷魚蒜，魷魚螺肉蒜，蒜燒烏魚殼，即一般觀念裡的臺菜，與卷二客家歌同樣有飲食文化融合的情形。

卷四唐山謠以外省菜系為主，福佬語稱中國為唐山，客家話稱長山，意指從海上回望故鄉是一片連綿的山脈，何者為確，殊難查考。本卷末詳分各省菜式，籠統名之曰外省菜系，如神明變化粉絲煲，豆瓣魚加酒釀，醃篤鮮，辣椒鑲肉，油豆腐細粉，同樣因配菜之故，各菜式可能搭配客家菜或臺菜。

本書並非食譜，而是一位業餘買菜煮飯工作者的日常食記，以一般家裡廚房煮器、刀具，傳統市場常見食材，烹煮的日常膳食，鮮少宴客大菜，沒有需要長時製作的佳饌，諸如須費時發的海味，用雞湯煨的魚翅，而是一般家庭的尋常吃食。花不怎麼太長的時間，煮一頓填飽肚子的餐食。平日煮食我約花一小時加減二十分鐘做三菜一湯或四菜一湯，吃著熱熱的一頓飯，暖心暖胃，心情大好。我煮食的手路是燉湯先行，備好食材，加上湯品燉煮時間，約略即為做一頓飯的時間。譬如湯品備料十五到二十分鐘，燉煮半小時到一小時，以上限計為八十分鐘，下限為四十分鐘。

一般食譜常見的書寫方式，約略如下：食材一、二、三、四、五；步驟一、二、三、四、五；便於讀者依樣葫蘆。本書殆屬食記，各篇文字可能是做一餐膳食，三菜一湯或四菜一湯；或者針對某類菜式做整體彙總，諸如雞丁、燒雞、絲瓜、苦瓜、冬筍湯、客家瓜封，彙為一篇；兩種體式迭次交錯，各自成體。本書撰寫後期刻意束坊間食譜之書不觀，庶免受其他食譜或飲食文化之書影響，故爾幾近乎徒手寫作，直接從心上化為在手上。

煮食者的先決條件是刀功，起碼不能太慢，一種食材備料連洗帶切約三到五分鐘，一餐飯十到十五樣食材，約五十分鐘加減十分鐘可以完成。一道菜炒的時間約三到七分鐘，總計約四十分鐘到八十分鐘即可開飯。除了宴客菜須先備料，有些食材前一天先發好，需要幾小時，甚至十數小時或數十小時，一般家常膳食如果花這麼多時間，每天負責煮食的人大概會受不了。

除了卷一前奏曲的基本功之外，這是一本可以從任何一篇讀起的書。卷二到卷四各篇所錄菜式，體例不一，行於當行，止於當止；部分為一餐膳食之食記，讀者依樣葫蘆（或前後篇補一道菜），即可完成一頓熱呼呼的晚餐。部分為各膳食之匯總，諸如絲瓜、苦瓜、粉絲煲、雞丁、燒雞、湯品、客家瓜封，將同類食材或菜式綜合整理於一篇之中。亦有少數只寫單一膳食的篇章，如客家鹹粄圓、巴吉魯湯、豆瓣魚、辣椒鑲肉、木鼈果雞湯。

本書並非學術論文，而係煮食隨筆，因主題或某餐膳食之故，部分文字可能前後重複，而未將重複部分刪除。在一本食記書中如學術著作般注記請參照本書某篇，未免太折騰讀者，故未採互見之例，而在各篇文字中各自完整呈現，庶免閱聽人前後翻找之苦，反而失去煮食的樂趣。

本書出版過程承蒙聯經出版公司主編林芳瑜女士協力綦多，芳瑜是逾三十年老友，交誼日久彌篤；本書從企劃、邀稿到簽約，芳瑜均親力親為，使我毋須為出版之事費心，乃能專注於書稿之撰寫。在製作編印期間，因芳瑜身體違和，陳逸華副總編輯明快安排接手編輯人選，使本書能順利製作編排，如期付梓，在此向逸華副總編輯深致謝意；並祝願芳瑜早占勿藥，平安健康。接手編輯製作的陳永芬主編，盡心竭力，各篇引言之掇英適切精要，版型設計素樸典雅，有別於通行食譜之華麗，呈顯曖曖內含光的文人氣息。閱讀視覺賞心悅目，適切體現本書食記之命意。因本書非全彩印刷，部分彩色頁之台數計算，倍於一般編輯，在此特向永芬主編致上最誠摯之謝意。涂豐恩總編輯的盛情雅意，使本書能在聯經出版，特此深致謝悃。聯經出版公司發行人林載爵是我大學時代的恩師，提攜照顧逾四十載，師恩山高水長，永銘於心。

希望閱聽人可以在這些家常菜找到煮食的樂趣，煮一頓暖心暖胃的膳食。

母後三十年，謹以此書獻給在天上的姆媽劉桃妹女士。

吳鳴 二〇二三年四月十五日於乙丁堂

卷一・前奏曲

卷二・客家歌

卷三・臺灣調

卷四．唐山謠

卷一

前奏曲

學習姆媽當個好廚師

姆媽手腳麻利，稱得上是煮食好手，尤擅做粄，或許是得自外婆所傳。

屘叔家大堂哥結婚，喜筵在家裡禾埕辦桌，姆媽蹲在老家和屘叔家的路邊幫忙煮食。鐵軌架成的連綿竈，一人守一個竈口，總鋪師統一調度，助手們各盡其責。總鋪師是村子裡的阿叔，助手們是相熟的伯母叔嬸妗姑，皆係村中煮食好手，姆媽也在其中。堂哥喜筵，伯母幫忙辦桌，今日或覺奇哉怪也，昔時則習以為常，有類美濃地區之交工，或後山所謂換工，雖然換工以插秧和割稻為主，辦桌協力煮食殆亦農村之日常。

姆媽手腳麻利，稱得上是煮食好手，尤擅做粄，或許是得自外婆所傳。外婆住在竹北媽祖廟後面，常年在街路的粄店幫忙，粄店付幾個小錢給外婆，外婆帶幾個粄回家給孫子吃。大舅繼承外公衣缽，從騎三輪車（李仔軋）到開鐵牛車送貨，肥料與穀物之屬；小舅曾任潤泰紡織中壢廠長，外婆衣食無虞，到粄店幫忙，只是找個活兒做做，好度閒日，一直做到八十幾歲。兩個舅舅亦隨她去，當作活動筋骨。姆媽繼承外婆的好手藝，做粄信手拈來，無一不佳。

童年時做粄要送米到村子街路上的豆腐店磨，小學五年級家裡有電以後，姆媽買了台磨粄機，從此做粄不求人，年節時常有隔壁鄰舍來借用。客家人做粄各有其度，取材多從生活來，或為野生植物，或來自農稼。

每年五月節前後，南北粽之爭常引燃戰火，南部人笑北部粽是3D油飯包在竹葉裡，北部人笑南部粽白白的很噁心。我對這類爭議完全沒興趣，莫非我們後山人都不是人，只有西部的南北粽。姆媽做粄照起工來行，依循客家傳統，粄粽用月桃葉，鹹粽用桂竹箬，鹼粽用麻竹葉。我覺得南北粽好像沒有這些區別，都用麻竹葉，要打開吃才知道是什麼粽。臺南包肉粽、菜粽的葉子有別，印象裡菜粽用的是月桃葉，肉綜用麻竹葉，但並不確定其中分野。非僅粽子，客家粄亦條理分明，菜包用柚子葉襯底炊，蟻粄（福佬人名之曰草仔粿，用黃花鼠麴草做的）、紅粄用香蕉葉，葉葉各司其職，故爾各種粄和粽的味道，包含葉香在其中。但我在龍潭鍾延耀哥老宅看他們做蟻粄是墊月桃葉，好友林子夷媽媽包的蟻粄也是墊月桃葉，不知是否移民後山拓荒所改。蓋花東縱谷有香蕉園，香蕉乃我故鄉壽豐的重要經濟蔬果，故爾將墊蟻粄的月桃葉改成香蕉葉。不僅炊粄襯底的葉子有別，餡料亦各有其度。同樣以菜頭為餡料，菜包用生菜脯絲，蟻粄用菜脯絲乾，鹹粽、粄粽用碎菜脯（菜脯切小丁）。

我童幼時愚騃難養，姆媽常叫我憨牯。客話「牯」意指雄性動物，如狗牯指小公狗，雞牯仔指小男雞，牛牯仔是小公牛，小男生往往名子後面加個牯，親戚一般即叫我阿輝牯。因小時候笨，姆媽叫我憨牯，意為笨笨傻男生。

我是後山拓荒者第二代，孩子們上學目的之一是給西部老家長輩寫信。我小學一年級時，三姊念三年級，姆媽要給外公寫信，當然由三姊代筆。所謂寫信其實是找來一本《寫信不求人》照著抄，間或修改幾個字。《寫信不求人》有類晉唐之《月儀帖》，每個月寫信有固定套路，從天氣寫起，改幾個字，說明自己的狀況，即可寄出，連問候語都是現成的，於是三姊會幫姆媽寫「父親大人尊前膝下敬稟者」為開頭的信。到我三年級時，三姊五年級，家書仍然由她代筆，故爾從未替父母寫過家書。而且三姊小學三年級在學校學了珠算，會替家裡算穀子錢。家裡糶穀時，三姊打算盤，姆媽心算（因姆媽不識字，只能心算），兩人算好後比對，答案不一樣時，兩人會重新算過，印象裡重算的結果，往往是姆媽正確（當然有時是三姊正確）。我常常覺得不可思議，一個不識字的婦人，心算怎麼這麼好，難怪會叫佢的兒子憨牯。憨牯就憨牯，傻不隆咚的童年，也沒特別去想，甚至姆媽常叨念豬仔不肥肥狗，意指三姊比我靈光，比我能幹，我仍是笑嘻嘻一臉傻樣兒。

晚冬稻收割以後，父親會犁兩畦田給姆媽種覆菜和菜頭，新鮮覆菜煮番薯湯，或加

姆媽手上抱著三姊，父親手上抱著我，後立者是二姊；大姊因民間習俗從母姓，養在大舅家，名義上是大舅的女兒。

葷料煮覆菜排骨湯，覆菜雞湯，過年時則煮長年菜。但一畦覆菜可不是三兩棵，除生覆菜用來炒菜或煮湯，大量的覆菜主要是曬鹹菜。

客家人曬鹹菜可謂一魚三吃，頭一日用鹽醃漬，置大甕缸中，呼孩童上甕踩，踩好後用大鵝卵石壓，次日取出數棵置小甕中，即為水鹹菜，外省族群謂之酸菜。有日頭時鹹菜鋪在禾埕上曬，曬後放回甕缸，仍喚小兒上甕踩，接連數日，待鹹菜脫水後，取其半數裝入玻璃瓶（以酒瓶為多，偶用汽水瓶），名曰鹹菜，即一般稱福菜者；其餘半數繼續曬至全乾，以鹹菜本身綁束成紮，名曰鹹菜乾，即一般所稱之梅干菜，做梅干扣肉的就是這種鹹菜乾，煮鹹菜鴨用水鹹菜（酸菜）。客家館子所做福菜肉湯或排骨湯，所用福菜即為鹹菜。

菜頭亦是一菜多用，除了生鮮菜頭煮湯，更多是用來曬菜脯。姆媽是左手慣用者，但右手與左手同樣利索。童幼時見姆媽曬菜脯，宛如特技表演。只見姆媽蹲在腳盆前，腳盆上置砧板，右手拿菜頭，左手切切切；左手切累了，換成左手拿菜頭，右手切切切；半個晌午，甕缸已裝滿菜脯，撒上鹽巴，命孩童上甕踩。切好的菜頭加鹽醃漬一日，收取一小部分尚未日曬的菜脯置小甕中，名曰水菜頭，乃佐食佳品。其餘菜脯鋪曬禾埕，切兩日，醃兩日，整年的菜脯就齊備了。家裡用大竈煮菜，姆媽切菜、炒菜，亦是左右開弓，不下於周伯通的左右互搏。我是右手慣用者，無法像姆媽那樣左右開弓，難怪姆媽老嫌我笨，叫我憨牯。

每天早晨父親五點出門，姆媽四點半起床，起大竈燒飯、煮食。客家人早餐不吃稀飯，姆媽煮兩三道菜，半小時了事，好讓父親在天未光時下田。

老屋禾埕前有一個菜園子，芹菜、韭菜、湯匙白（青江菜）、高麗菜、明豆（四季豆）、長豆（豇豆）、菜瓜、瓠仔（瓠瓜）、刺瓜（胡瓜、大黃瓜）、黃瓠（南瓜）、冬瓜，四季迭替，菜蔬應時鮮。小小的菜園子供應了一家蔬食，除了豬肉，鮮少買菜。

一九七八年春天，我大一下學期時，姆媽因退化性關節炎不良於行，惟仍隨父親下田。一九八九年三月三十日，三姊說姆媽左腳背的瘡口因糖尿病無法癒合，必須截肢，從花蓮醫院轉診到林口長庚醫院，準備動手術。彼時我乞食聯合文學雜誌社，每天晚上下班後，從南港開車到林口長庚醫院陪姆媽，精神常恍兮忽兮。

我覺得每天這樣開車太危險，決定將姆媽轉診國泰醫院，方便就近照顧，於是打電話向任職國泰醫院社工部的滿書芳學妹求助。書芳大學低我三屆，讀東海社工系，與乾妹舒靜嫻是同班同學。書芳很快為姆媽找到病床，並且請當時國泰醫院骨科主任沈博文醫師主刀。手術在四月十五日進行，極為順利。博文醫師醫術高明，視病如親。

姆媽出院前我完成博士班報名手續，對考試實在沒有把握。尚幸姆媽復原情況甚佳，返回花蓮由三姊照護，我方得參加考試。姆媽動截肢手術時，我辭去聯合文學編輯工作，考完試後，應徵聯合報新聞編輯，幸獲錄取。於是白天上課，晚上乞食於編，如是三載。一九九二年取得博士候選人資格，辭去新聞編輯工作，專心撰寫論文。

一九九三年三月二十三日送出博士論文口試稿，姆媽在稍早以前開始洗腎，我帶著口試稿返回花蓮，與三姊輪流照顧姆媽。通過博士學位考試前，母系擬新聘兩名教師。我因論文已完成，剩下口試這一關，系上特別通融我申請該職缺。一九九三年四月二十三日通過口試，取得臨時畢業證書，五月二十九日通過校教評會審查，八月一日返回母系任教。

一九九三年秋天乞食講堂之初，三姊因身體違和，在臺北陽明醫院動一個不大不小的手術，我必須返回花蓮陪伴姆媽洗腎，初登講堂的第一節課就請假。第二週始返回臺北上課，請嫁於同村的二姊照顧姆媽。當三姊術後返回花蓮時，發現因姆媽緊咬牙根，二姊同意院方拔掉姆媽整口牙齒，從此佢只能進流質食物。從中風到洗腎，六年間姆媽進出醫院上百次，院方發出逾十次病危通知，卻一次次從鬼門關救回。

死神終於來敲門，一九九三年十二月三十日，三姊打電話通知我返家，說姆媽已呈彌留狀態。但因家裡電話沒掛好，我並未接到電話，趕不及見姆媽最後一面。而十二年前的秋天，父親因車禍大去，時在鳳山步校受預官訓的我，同樣未見到父親最後一面。豈正如愛亞姊說的，我與父母情深緣淺。因為守喪，那學期的最後一節課沒有上。出了考題，請系上助教幫忙監考，告別式後返回學校批改考卷，方始送出學期成績。

匆促的腳步，來不及告別，父母已遠行，每年自秋徂冬，我的心底有著抹不去的傷痛。知天命之年以後，想著該好好和姆媽告別，於是用煮食和姆媽和解。

我的基本刀功還可以，平均備一種食材約三分鐘，或許不及職業廚師，但較一般煮食者可能稍快一些，故爾備料時間略省，做一頓三菜一湯或四菜一湯的膳食，約莫一小時加減二十分鐘可以完成。炒菜時我基本上不用鍋鏟，有時會用長勺，大部分時候以小拋鍋為主，中長料理筷為輔。

因讀研究所時，常與師長酒食相從，碩、博士論文指導教授閻沁恆師父喝酒號稱天

昔時父親手上抱著的小娃娃，成為愛煮食的花甲老翁。圍裙是楊索二〇一七年一月二十三日為無家者辦桌，我到場助陣，楊索所送的圍裙。

下第二劍，博士口試委員杜維運老師號曰天下第三劍，另一位口試委員逯耀東老師是飲食文化專家，乃臺灣第一位在大學歷史系開飲食文化史課的學者，美食家之名滿天下。因年少時常隨侍師長飲饌，故對外省菜系尚稱熟稔，平日做菜，食單上常出現外省膳食，即緣自於此。故爾我的做菜手路，係以客家菜和外省菜為主，加上部分福佬菜系，有點兒南北和的意味。

當我試著用煮食和姆媽和解，學習姆媽當個好廚師，終於能辦桌煮一桌膳食時，我跟姆媽說，當年那個憨牯能夠辦桌了，在天上的姆媽應該會覺得很欣慰吧！

01 客家小炒豐儉由人，這是應詩人張芳慈之邀到苗栗南庄山上小木屋辦桌所做客家小炒。02 我炒菜慣用左手小拋鍋翻菜，右手有時持料理筷，有時持長柄鍋勺。03 用姆媽的手路配料，煮一鍋客家鹹粄圓。

鼎鑊甘如飴

處理好基本的鍋子和蒸器，一鍋在手，樂趣無窮，煮食之事就輕鬆愉快了。

偶有煮友問我鍋具的問題，問得多了，覺得乾脆一次說清楚。煮友者買菜煮飯工作者之謂也，有專業和業餘兩種。我的學長臺灣飲食文化專家曹銘宗自稱是專業買菜煮飯工作者，我因本職為教師，所以是業餘買菜煮飯工作者，煮友們可自行對號入座。亦有人稱之曰自煮或愛煮者，不論專業也好，業餘也罷，橫直都是喜愛煮食者。

讀過我食記的朋友約略知道我大部分煮食都用鐵鍋，不論煎煮炒炸，大約百分之七、八十使用最普通的中華鍋，所謂中華鍋就是那種半圓形的媽媽鍋，也有人稱之曰中華炒鍋。球評常說籃球控衛一球在手，樂趣無窮。愛煮食者或許也可以說一鍋在手，樂趣無窮。為什麼是鍋而不是菜刀，蓋除生食和燒烤之外，煮食大部分要靠爐上那隻鍋，不論是炒鍋、燉鍋、平底鍋，鍋鍋相連到廚房。

漢字的鼎有兩重意義，一個是煮器，一個象徵國家權力，禹鑄九鼎，問鼎中原，都代表國家權力，楚莊王向王孫滿詢問周天子傳國之寶九鼎的大小輕重。《左傳•宣公三年》楚莊王遂至洛，觀兵於周郊。周定王使王孫滿勞楚王。楚王問鼎小大輕重，對曰：「在德不在鼎。」莊王曰：「子無九鼎，楚國折鈎之喙，足以為九鼎。」此即楚王豎子焉敢問鼎有多重典故之由來。但我要談的不是代表社稷的鼎，而是作為煮器的鼎。《老子》曰：「治大國若烹小鮮。」凡夫俗子還是煮食比較開心。鑊者煮食物之鐵器也，形如大盆，今人云炒菜要有鑊氣即源於此。

我習慣用鐵鍋炒菜，就是那種看起來黑不溜丟的鐵鍋，不是鋼鍋、鑄鐵鍋，也不是不沾鍋。我對大部分的不沾鍋心有疑慮，蓋不知鍋子的塗層材料為何，有食安考慮。而且我的炒菜習慣不需要用不沾鍋，鍋熱了自然變成不沾鍋，毋須多此一舉。有些煮食者對食材沾鍋過於恐懼，覺得用不沾鍋比較有把握，於是相信那些華而不實的廣告。諸如科技塗層，峰巢式結構，鐵氟龍塗層，效果如何又如何。凡不符合食安的不沾鍋塗料，我一律敬謝不敏。更有業者推出套鍋，一組五、六個，這些基本上都不怎麼堪用。直銷業者亦看上煮食市場，推出組鍋、套鍋，我心裡都會打個問號。有些煮食節目使用不沾鍋，名廚手上握著鍋柄晃呀晃，三晃四晃就看到標籤，你以為發現大廚師做菜的祕密，別逗了，那是業配，故意把鍋子品牌晃給你看的。有些鋼鍋宣稱五層、七層，我認為使用上沒有問題，至於效果是否如廣告文案寫得那麼好，我基本上持保留態度。

我常用的兩個炒鍋都是日本鐵鍋，並非崇日，而是剛巧。一般常見之炒鍋名曰中華鍋，在這裡不必有民族主義情結，蓋中華鍋是標準名詞，即那種半球形的炒鍋，通稱曰中華鍋，亦有人稱之曰媽媽鍋，是一種通用鍋，可炒菜、煮麵、煮湯、煎魚煎肉，甚至可以拿來當蒸鍋，可謂是一鍋萬用。

我的主要炒鍋是三十六公分的日本山田鐵鍋，當初買的時候考慮到要炒米粉，心裡想愈大愈好，可以炒給很多人吃。本想買四十二公分的鐵鍋，炒米粉比較夠分量，但因我炒菜不用鍋鏟，習慣用小拋鍋翻菜，四十二公分的鐵鍋稍大了些，廚房空間不大，在瓦斯爐上翻起鍋來驚天動地。而且鍋大自然比較重，所以選了三十六公分的鐵鍋當主炒鍋。以我的手勁，鐵鍋重量以一點五公斤以下為宜，最重不要超過兩公斤。拋鍋又稱翻鍋或甩鍋（這幾年電視名嘴有將甩鍋解讀成推卸責任或將燙手山芋丟給別人，實是引喻失義，如籃場上攻擊時間將至，將籃球傳給隊友，名之曰丟炸彈，接球者則是拆炸彈），有人可能覺得拋鍋很難，其實沒有想像中那麼難，我的拋鍋手路是乾妹陳淑蘭所教，女生一般力氣不會太大，所以力能舉起一點五公斤鐵鍋即可順利拋鍋。其手法為提起鐵鍋，略往前推，手腕輕抖往回勾，菜浮空中翻身，再移鍋接回即可，多練幾次很容易學會。日本山田鐵鍋是用錘打方式製造，握把接口沒有鉚釘，看起來線條流暢些。而且因為鍋身採錘打方式製造，鍋面比較細，有利於煎魚和煎荷包蛋。

有些新買的鐵鍋需要開鍋，這沒什麼好壞，不必去想不須開鍋的比較方便，開鍋也就是一次性的事。山田鐵鍋需要開鍋，鍋買回來後，置瓦斯爐上，轉大火從底部燒起，循固定方向轉，將鐵鍋燒成銀色即換部位，至全鍋正反面都燒成銀色，即大功告成。我會建議開鍋時戴上隔熱手套，縱使是最普通的粗棉線手套也可以。開好鍋後，用清水刷洗乾淨，倒些食用油，加些蔬菜根莖葉翻炒，儘量讓鍋內部每個地方都碰觸到，再次將鐵鍋清洗乾淨，烘乾，塗上一層薄薄的食用油養鍋。使用時將養鍋之油洗淨，就可以開炒了。新鍋使用第一個禮拜，每次使用完後，開大火烘乾，塗上一層薄薄的食用油養鍋。一個禮拜後，如果每天使用，一週養鍋一到兩次即可，如果預估可能較長時間不使用，建議收鍋前塗上一層薄薄食用油養鍋，庶免生鏽。我因為兩個鐵鍋隔日輪替使用，約一週養鍋一次。各式鐵鍋的保養方式類同，照章辦理即可。

我另一個中華鍋是日本極鐵鍋，三十公分，屬開模製造，握把處有鉚釘，鍋尾加耳，適合手勁小的女生，煮湯時在水龍頭加滿水後，可以左手握鍋把，右手握鍋耳，庶免單手提不動。極鐵鍋名曰中華北京鍋，鍋底有一個小平面，方便炒菜，但並非平底鍋。除了煎魚以山田鍋為主（除非魚很小，一般中尺寸的魚長度常超過二十五公分，用三十公分的鍋會有點窘迫）。如果當天要煎魚，即山田鍋一鍋到底。平常做菜兩個鐵鍋交替使用，單日用山田，雙日用極，週日以月計，單週用山田，雙週用極，莫怪乎好友黎醫師老愛說我有強迫症。極鐵鍋不須開鍋，可以直接使用，但仍建議使用前倒些食用油，加些蔬菜根莖葉翻炒，程序與前述山田鐵鍋相同。

我有一個臺灣阿媽牌生鐵鍋，四十二公分，主要用來當蒸鍋用，我有三個一尺三的竹籠床，約四十公分，必須四十二公分的阿媽牌生鐵鍋才架得上。阿媽牌生鐵鍋當炒鍋也很好，除了油煙稍多一些。阿媽牌生鐵鍋出廠前會先用獨創的焱火開鍋，拿到即可使用，同樣建議使用前倒些食用油，加些蔬菜根莖葉翻炒，洗淨後再開炒。

乾妹陳淑蘭是我的煮食師父，她習慣用二十六公分的圓弧邊深平底鍋，厚度一點六公分，除了炒菜，也用來煎肉和牛排。淑蘭說她的手小，覺得二十八分分以下的鐵鍋對女生比較適用。類似的情形，她為自己買小號小魚刀，為我買的是大號小魚刀。

阿媽牌生鐵鍋最早從市場起家，價格不高，適用性很廣，是很好的鐵鍋。對日本鐵鍋有民族情結的煮友，我會推薦本土的阿媽牌生鐵鍋。如果對前述鐵鍋有疑慮，最簡單的方式是問市場附近的小吃店，看他們用什麼鍋子依樣葫蘆照著買就行了，小吃店要做生意，他們用的鍋子一定是便宜又好，而且在市場附近即可買到，省得到處找。

我百分之七、八十的煎煮炒炸都使用中華鍋，我覺得中華鍋真可謂是萬用鍋，乃做中式餐食之首選。除了煎荷包蛋必須使用鍋鏟之外，我幾乎很少取下吊在廚房牆上的鍋鏟。我煮食大部分時候慣用中長度料理筷，偶爾使用鍋勺，一般炒菜時用料理筷攪一攪（就是拉拉咧），輕輕一個小拋鍋就翻面。做需要勾芡的菜式時，偶爾會使用鍋勺翻面，以及起鍋時將鍋底的菜撩起來。

平底鍋為煮食者必備，用來煎牛排、豬排，煎蔥油餅、蛋餅和各種粄（諸如菜頭粄、芋頭粄、烏粿曲、甜粄）。我常用的兩隻平底鍋，都是斜邊淺平底鍋，只能用來煎肉、煎粄、煎蛋餅、蔥油餅、煎餃子、鍋貼、煎韭菜盒子；因為是淺鍋，我炒菜多用小拋鍋，菜容易飛出去，不適合炒菜。一隻是德國土克鐵鍋（Turk）用來煎牛排或煎豬羊肉，有時也用來煎蔥油餅、蛋餅和各種粄。德國土克鐵鍋係從一塊鐵打起，整隻鍋子就是一塊鐵，重量不輕，約兩公斤，遠可攻敵，近可防身。另一個是山田平底鍋，與德國土克鐵鍋功能相類。煎牛排、豬排、羊排我會選擇德國土克鐵鍋，煎中式粄、餅比較常用山田平底鍋。

煮食初期，我和大部分剛學煮食者一樣，害怕炒菜時沾鍋，所以買了一個義大利不沾鍋（買的時候貴森森），熟悉鐵鍋做菜後，即鮮少使用。上一回使用是做蚵仔煎，後來學會用平底鍋和中華炒鍋做蚵仔煎以後，已有多年未使用這隻義大利不沾鍋。

我是土鍋（砂鍋）愛用者，燉煮湯品，做各種煲食，紅燒獅子頭，麻辣臭豆腐，水煮魚、水煮牛肉，五更腸旺，都喜用土鍋，感覺比較入味。尤其燉煮湯品，鋼鍋易柴，我會選擇使用土鍋或鑄鐵鍋，友人送的 LE CREUSET 愛馬仕橘鑄鐵鍋（二十二公分）主要就是用來燉煮湯品，我另有一個十八公分的臺製鑄鐵鍋，煮分量較少的湯使用。鑄鐵鍋一般買回來洗淨即可使用，土鍋則須先經開鍋程序再行使用。土鍋開鍋用洗米水煮，讓洗米水填滿燒陶之縫隙。我自己用最簡單的方式，即抓一把米丟進新買的土鍋裡，至飯粒膨脹成粥，再加水繼續煮，用木勺攪動鍋底，避免粥粒黏鍋，約煮二、三十分鐘，放涼，倒掉鍋中之粥，再用棕毛刷刷洗乾淨，即完成開鍋程序。

明太祖朱元璋建南京城時，朝廷資金匱乏，聽從謀士建議，向富商沈萬三要求出資。據云沈萬三建了南京城牆的三分之一。南京城牆建造時，即煮粥為石頭間之黏著劑，故名石頭城，號稱萬年不破。太平天國末期，曾國荃攻南京城，城牆堅不可破，最後挖地道用

01 左：三十公分極鐵鍋；右：三十六公分山田鍋；兩個鍋子均為中華鍋，是我煮食最常使用的鐵鍋，包括煎煮炒燉。**02** 左：德國土克（Turk）平底鍋；右：山田平底鍋。

炸藥炸，才打進南京城（太平天國之天京）。一個小砂鍋當然不需要堅不可破，但用粥水煮過，一則塞住燒陶之氣孔，再則使土鍋更堅固耐用，可謂一舉兩得。

我使用的鍋具多大路貨，大路貨者即一般商店或網路平台都買得到之謂也，價格親民克己。廚房鍋具除友人所贈 LE CREUSET 愛馬仕橘鑄鐵鍋稍貴氣，其餘鍋具均不超過小幾千，大部分愛煮者都可以買得起。

03 常用的三個土鍋。**04** 左：友人送的 LE CREUSET 愛馬仕橘鑄鐵鍋，燉湯入味，層次豐富，外形真是美麗貴氣。右；厚胎土鍋，燉湯神器。

我是蒸食愛好者，家裡常備四種尺寸的竹籠床。四寸籠床用來做粉蒸肉和蒸小籠湯包；七寸籠床蒸小籠湯包和蔬食，諸如絲瓜和高麗菜；八寸蒸籠做梅干扣肉、各種客家瓜封，以及蒸三十公分以下的中尺寸魚；一尺三籠床主要用來蒸魚和各種客家粄，以及蒸各種客家瓜封。使用籠床須有相應尺寸的蒸鍋，四寸到八寸用五金行買的鋼鍋，一尺三籠床用阿媽牌生鐵鍋。我不喜歡用大同電鍋蒸魚，其故有二：其一，大同電鍋蒸魚太溫吞，蒸出來的魚不夠鮮嫩，而且時間不好控制；其二，中尺寸以上的魚很容易超過二十五公分，電鍋放不下，必須切成兩三段，看著切段的蒸魚，委實不太有下箸的食欲。為了蒸魚，於是乖乖買了中大尺寸籠床。另外一個非常個人的因素是，我喜歡竹籠床蒸食的香氣。雖然也有鋼製蒸屜，但總覺少那麼點兒味道。

籠床是做年菜的好幫手，一個爐嘴架上籠床，一層蒸魚，一層瓜封，一層梅干扣肉，一層三色蛋，一層粉蒸肉，一層清蒸臭豆腐，一層蒸蝦，一層蒸螃蟹，一鍋蒸下來有三、四道菜，可省卻許多事，年夜飯就弄好三分之一或四分之一了。

新買籠床須開籠，先泡水十五分鐘，空蒸十分鐘，去除生竹味，即可開始使用。以後每次使用前先泡水三到五分鐘，避免與鍋面接觸的部分燒焦。使用籠床底層必須固定，即同尺寸籠床架於蒸鍋上那層要固定。蓋縱使籠床泡過水，接觸蒸鍋那一隻多少會有點燒焦，所以必須固定，避免每一隻籠床都燒焦。而燒焦的籠床會有味道，蒸出來的食物多少會有焦味。如果底層籠床燒焦太嚴重，就另買一隻補上，換一隻籠床當底層。

因為喜歡蒸食，家裡的籠床比鍋具多，四種尺寸，總計有十三隻籠床，各適其用。在這裡教一個小撇步，水餃一般水煮或煎，其實也可以用蒸。我指厚皮的水餃而非薄皮蒸餃，蒸餃和小籠湯包一樣，約蒸六到八分鐘，水餃蒸十二分鐘，用籠床或電鍋蒸都可以。我手邊有事忙時，會用籠床或電鍋蒸水餃，籠床水滾後計時十二分鐘，電鍋約三分之二到半杯水（視電鍋大小而定），同樣蒸十二分鐘，口感與水煮略有不同，喜歡與否因人而異，我自己倒是喜歡的。

鼎鑊甘如飴，處理好基本的鍋子和蒸器，一鍋在手，樂趣無窮，煮食之事就輕鬆愉快了。

左：八寸籠床。右：一尺三籠床。

必先利其器

廚房是一個人的武林，愛用什麼武器存乎一心，一把好刀是使煮食流暢的必要條件。

武俠小說人物除擅拳腳者之外，都有自己的專屬兵器，同樣的，每個煮食者都有其熟悉的稱手兵器。

廚房是一個人的武林，愛用什麼武器存乎一心，一把好刀是使煮食流暢的必要條件。因每個人的生理差異，廚房使用之刀具有別，未見有一體適用者。

我常常覺得有一把稱手的菜刀，是煮食第一要件。一般煮食時，備料時間往往超過煎煮炒，故爾稍稍練一下刀功有其必要性。以煮一頓三菜（或四菜）一湯的晚餐而言，一般約須切十五項左右食材（包括辛香料和各種配料），以單樣三分鐘計，約費時四十五分鐘，如果單樣五分鐘，就要花七十五分鐘，一頓飯煮下來花一個半小時，大部分人可能會興趣缺缺。天下武功唯快不破，煮食亦然，刀功是煮食者必修的第一堂課，刀要利，手要穩，備料就是一路切切切切。

我常用的菜刀是片肉刀，生食用二號，熟食用三號，並非什麼名牌刀，就是菜市場刀具店隨處買得到的普通菜刀，刀身上蝕刻金門特銀。但我查了老半天，金門似乎沒有特銀鋼刀廠，只有常見的金永利和金合利。我懷疑是臺灣刀廠魚目混珠。一般提到國產菜刀，殆以金門金永利最著，我曾用過一把金永利二號電木小魚刀，確實好用。金門刀廠最著名者宜為金永利，其次是金合利，據云係因兩岸對峙期間，鋼刀廠使用砲彈殼製刀，名聞遐邇。一九七九年金門、廈門之間單打雙不打的砲擊結束，時過四十餘年，當年那些砲彈殼早就用光了，現在金門菜刀用的應該是一般鋼材，但當年練就的製刀技術留了下來，成為不朽傳說，就像高粱酒成為金門人的驕傲。

最初我使用的菜刀和一般媽媽一樣，即在住家附近五金行買的普通菜刀，刀背稍厚，可切可剁。實際使用時切菜不利，剁骨無力，甚不順手。

我非臺北土生土長，對臺北委實不甚熟悉，決定買新菜刀時想到華陰街打鐵街。那天到華陰街目的有二，其一是去宇鋒菸具行買拉森（Larsen）年度菸草，我是菸斗愛好者，每年例行會買拉森年度菸草和達人菸草；其二是買一把菜刀。買完菸草後，我問宇鋒菸具行老闆打鐵仔店在哪兒。老闆說早就沒有打鐵店了，問我找打鐵店做啥。我說買一把菜刀，老闆帶我從後門繞出去，轉個彎，來到一家老刀具店。傳統老舊，有些刀具用舊報紙包著放在架上，包刀的報紙都發黃了，不知歷經多久年歲。顧店的老先生問我要什麼，我說要買菜刀，老先生指著架上的幾把菜刀，後來我知道是一、二、三號片肉刀，我用右手試了試握把，選了順手的二號片肉刀。菸具店老闆說了一句，刀子利不利主要靠磨，我順道選了一塊一千號磨刀石。

因為打磨硯石的緣故，家裡有兩百號到四千號油石，這些油石都切成約八公分乘五公分的小方塊，以便手持打磨硯臺，不適合磨刀。油石即磨刀石，日本稱之曰砥石。小時候家裡養了一頭水牛，小學一到四年級黃昏或放假時要掌牛，掌牛者牽牛到田間小路食草也。小學五年級以後換成割草給牛吃，一直割到國中畢業。高中以後家裡水田邊有一小塊畸零地種了牧草，才免除割草之勞役。

父親在村子裡的打鐵店打了一把鐮刀，割草前要先磨刀。我對父親打鐮刀的事記憶深刻，印象裡父親對在百貨店（鄉下人對稍大型雜貨店的稱謂）買的草架仔（鐮刀）不耐用頗有微詞，於是特地到打鐵店打了這把鐮刀。這把鐮刀還真的很耐用，記憶裡寒暑假我都月它四處割草，至少用了五、六年。割草前會到屋後姆媽的洗衣石上磨刀，洗衣石是支亞干溪檢回來的花崗石，我在這塊洗衣石上磨了五、六年鐮刀，刻陀螺的士林牛小刀，以及劈竹篾子的刀母（客家人稱尖尾柴刀為鞘刀，平頭柴刀為刀母）。我磨刀技術尚可，至少割草、刻陀螺、劈竹篾子都很順手。磨菜刀是父親的事，父親也用這塊洗衣石磨他的刮鬍刀，就是老剃頭店那種傳統刮鬍刀，我現在也使用這種傳統刮鬍刀，但平常不用砥石磨，而是用生牛皮盪刀。

二號片肉刀買回家後，以一千號砥石開鋒，用拇指摸一下試刀，還真的很鋒利。換了新刀切菜，果然流暢許多。我從小習慣使各種刀，刀功還算可以，切菜當然是一塊小蛋糕。沒想到換了一把刀，切菜變得如此流暢。我後來又去同一家店買了一把三號片肉刀當熟食刀，這次是兒子顧店，結果三號片肉刀比二號貴，年輕老闆說他爸爸價格記錯了。有人可能要問為什麼不用一號片肉刀，一號片肉刀稍大，是廚師用的，需要比較專業的養成訓練，我們這種業餘買菜煮飯工作者用二號片肉刀就可以了。至於刀的價格，我個人認為極為平價，縱然小老闆賣得比較貴，但也就是大幾百塊錢的事。我知道一些名刀價格不菲，但對我而言，土菜刀做中式菜餚仍最稱手。我試過幾種市面上的名刀，用來用去還是土菜刀順手，有人喜歡名刀，我完全尊重，廚房是一個人的武林，愛用什麼刀就用什麼刀，菜刀是拿來用的，不是用來炫耀的。

廚師刀（牛刀）乃廚房必備，背平刃彎，有一個刀尖方便刺剜削，亦可切剁，屬廚房萬用刀，有鋒鋼刀和陶瓷刀。陶瓷刀極鋒利，往往比鋒鋼刀利。我未使用陶瓷刀而以鋒鋼刀為主，主要是陶瓷刀側面易裂。如果說好用，陶瓷刀因製作技術不斷進步，輕巧、鋒利，極其好用。這跟碳纖維公路車相類，質輕堅固，惟側面硬度稍弱，受撞擊時易裂。我自己喜歡鋼管車，雖然比較笨重，但路感極佳。做菜有時需要削刺剜，此時非廚師刀莫辦。譬如剝高麗菜，要割開莖葉交界處，傳統菜刀須以刀刃根部削，不是很方便，廚師刀逕用刀尖刺入，剜一下就解決。

牛刀比較難的動作是剁和重刀，重刀係指手指輕拈握把，運用手腕抖動快速切菜之意，譬如切末（剁末）即常使用重刀手法。蓋因牛刀刃口如彎月，直切不便，要順勢往前划推，需要一些技巧。二〇二一年鋼琴家周善祥來臺演奏，適逢新冠肺炎疫情升溫，一個人住在防疫旅館。主辦單位鵬博藝術播出其在旅館自己手工做義大利麵的影片，只見周善祥揉了一團麵，在桌板上壓平，用牛刀使重刀手法快速切成麵條，其速度之快令人咋舌。以牛刀用這麼快速地重刀手法切麵條，我承認自己完全做不到。及至在現場聽周善祥鋼琴演奏會，看到他十隻指頭在琴鍵上飛快地跳舞，簡直出神入化，令人歎為觀止，始悟其快速切麵條手路之由來。

平常切菜我多用片肉刀，生食二號，熟食三號；但每週我會有一次全部使用牛刀做菜，從切菜到拍蒜，讓自己熟悉牛刀的切菜方式。因牛刀質輕，拍蒜使用刀刃根部，需費心揣摩練習。且因刀刃有一個彎月的弧度，切菜時非如平口片肉刀可垂直正切。雖然使用片肉刀時，我仍習慣用手腕略向前划切；牛刀因刃口有弧度，切菜時必須隨時提醒自己要向刀尖處划切，垂直正切會有些菜切不到。

片肉刀刃薄，用指頭輕彈會嗡嗡作響，切菜、切肉，游刃有餘。一般五金行賣的厚刃刀，無法片豆干，做干絲肉絲會有點兒困難。干絲肉絲是六品小館名菜，師傅切的干絲真細，簡直絲絲入扣。我習慣將小豆干片成四到五片，再切成絲，大約僅得六品小館師傅五、六成。如果用廚師刀，因刀背稍厚，無法片這麼薄，切絲倒還容易些。

我個人覺得片肉刀切菜直上直下，有如武士，乾淨俐落；廚師刀如文人，切菜時向前推划，偶爾須再往回帶，有類書法之回鋒，手勢優雅。我有些煮友喜用廚師刀，良有以也。

無論廚刀多利，目的只有一個，就是切菜。菜怎麼切？我們看到食譜上說切段，長度

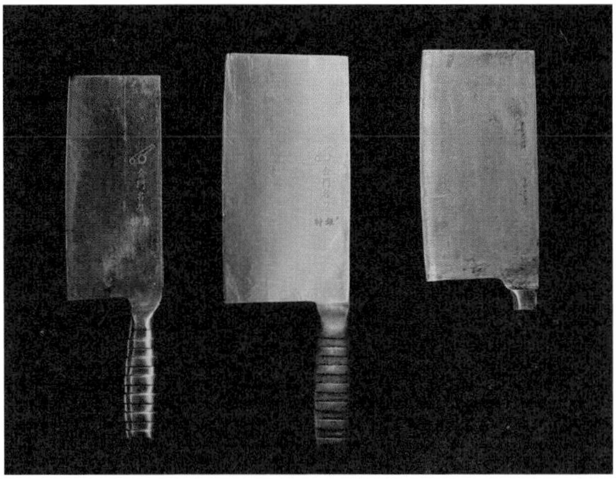

左起：熟食三號片肉刀，生食二號片肉刀，金合利剁刀。

五公分。我相信很多人直接就傻眼了，流理臺不會沒事放一把米達尺或卷尺，怎麼量？我個人的經驗是善用非慣用手的食指，一般食材切段，約略是食指的兩節，蒜苗、青蔥三指節，雖不中亦不遠矣！寬幅葉菜先切直條再切段，直條寬度即以食指一指幅為度。常人食指一節約兩三公分，其餘更細緻的切法，亦以此為準做大略判斷，一般不會差太遠。也許有人會說，每個人的指頭長度不同，其間會有出入。若真要考究，除非職籃選手，一般人手指容許有長短，出入不會太大，依據食指切菜，長度不會差距太多。

　　許多人家裡廚房不備剁刀，我個人覺得剁刀其實不可或缺，譬如將買回來的豬手剁小塊一點兒，或者自己剁帶骨雞鴨。我有一位女性友人是煮食高手，某次聚餐時要做燒雞，只見大廚將半隻雞置於砧板上，左手藏在背後，右手持刀用力砍下，看得我忍俊不禁。後來我實在看不下去，出手相助，才解決窘境。我會剁雞鴨起因一九七八年春天姆媽患退化性關節炎，無法久站剁雞鴨，於是由我代勞，姆媽從旁指導，感覺上手並不特別困難。我知道很多人買雞鴨都請老闆代剁，在常溫下剁雞鴨，容易湯汁四濺，回家放冷凍庫後，再解凍料理，湯汁再流失一次，雞鴨的甜味都不見了，無論煮湯或燒雞，口感均非佳。我買雞鴨有時整隻帶回家，有時請老闆剁成六大塊，回家直接放冷凍，要用時再自己剁。手邊這把剁刀是二〇〇六年春天到金門參加學術會議，參訪活動時帶隊的國中老師帶我們去鋼刀廠所買，同行學者和研究生大部分選擇菜刀，印象裡好像只有我買剁刀。我不知道帶隊國中老師為什麼選擇金合利鋼刀廠而非金永利，也許他覺得兩家差不多。

我出身後山，有些國中同學居住鄉間，家裡養了雞鴨，偶爾用冷凍包裹寄放山土雞到臺北送我。幸好家裡有剁刀可以處理，總不能拿去請雞攤老闆幫忙剁。

二〇二二年冬天某日，因下午和晚上都有課，臨時躲懶買燒臘飯當晚餐，我叫了三寶飯，三寶飯有油雞、燒肉、臘腸，只見師傅一把刀又剁又切，看得我目不轉睛，這真的是太厲害了。一般剁刀能剁不能切，片肉刀能切不能剁，燒臘店師傅那把刀可是又切又剁，簡直太神奇了。於是向師傅請教，師傅說是九江刀，我即刻請師傅幫我買一把，以後剁雞、切肉就可以一刀到底了。九江刀從刀腹稜線分為上下兩部分，靠近刀背處為黑色，應該是生鐵；稜線到刃口為鋼材，磨口約二十度左右，介乎片肉刀和剁刀之間，故爾切剁一體。二〇二三年春天，九江刀入荷，從此剁雞塊、豬腳、切肉一刀到底，再也不須換刀。因九江刀刀身稍厚，切菜不爽利，蔬食我仍會選用片肉刀。九江刀比較沉，女生使用並不方便，我建議仍選用一般剁刀為佳，力氣大的女生，則另當別論。

愛煮者最好準備一把魚刀，以備魚攤老闆沒空幫忙殺魚時，可以在家裡自己動手。殺魚除了刮鱗以外，最關鍵的是去鰓，這真非魚刀莫辦。我們有時會到漁港買魚，漁港賣魚是一堆一堆賣，老闆可沒時間幫你殺魚。漁港海鮮便宜又好，自己沒法殺魚者只能徒呼負負，故爾準備一把小魚刀仍有其必要性。

我原本使用的是金門金永利鋼刀廠二號電木小魚刀，後來覺得有點兒小，於是跟魚攤老闆懇求賣我一把他們用的魚刀。老闆本來要上樓拿新的，後來找了一把舊刀送我。我回家後整理打磨，使用了好幾年。後來乾妹陳淑蘭在傳統市場刀具店找到魚刀，送了我一把大號小魚刀，即魚攤用來剖魚去鰓之刀，這種魚刀與雞肉攤去雞腿骨用刀相似，應即為同一種刀。一般做一夜干採蝴蝶切，即從魚背切開，讓魚身可以攤平，又名剖背，這是做一夜干的標準程序。當然也有人做一夜干不使用蝴蝶切者，惟略不道地。因此愛煮者最好能準備一把小魚刀，除了殺魚去鰓，清理魚身內部，清龍骨血，均須使用小魚刀。魚的腥味主要來自龍骨血，用小魚刀劃開龍骨，將血清理乾淨，腥味可去除大半。此外，做蝦料理時，用小魚刀剖背會比用菜刀方便許多。

我是刺身喜愛者，到日本料理店喜坐板前，看師傅一刀一刀划切刺身，然後直接放到你面前，那種食前方丈的感覺，真是令人心情大好。故我準備了一把刺身刀，方便在家裡自己切。有人可能認為買切好的刺身回家吃就好了呀！對我而言，切好的刺身帶回家可能已經湯湯水水，口感非佳。我喜歡到魚市買清肉，回家自己切。

藤次郎刺身刀是寫字班學生推薦的，學生在迴轉壽司擔任後場師傅，準備買刺身刀時向他請教。我直接問他用什麼刀，學生回答藤次郎，於是上網查資料，包括網路購物平臺和實體店，發現各式刀款價格高下差距極大，有幾款刀甚至要價上萬元，想想自己只是個業餘買菜煮飯工作者，於是入荷一把刀形順眼，價格最便宜的藤次郎刺身刀。買回來自己

左起：藤次郎刺身刀，大馬士革紋牛刀（廚師刀），大號小魚刀。

開鋒後，果然手感極佳，從此吃刺身沒煩惱。

刺身刀乃單刃刀，分左刃、右刃，購買時須特別留意。右手慣用者買到左刃刀會很拐手，使轉不流暢，左手慣用者買到右刃刀亦然，故爾選刺身刀時，必須仔細分辨。

吃刺身時的蘿蔔絲我也喜歡自己切，用片肉刀切。刀切蘿蔔絲與刨刀刨絲有別，刨絲水分太多，口感非佳。可惜我沒有日本料理店師傅專用的切蘿蔔絲專用薄刀，只能用片肉刀先切成薄片再切絲。最近準備請在迴轉壽司擔任後場師傅的寫字班學生為我找一把，這樣即可用專業的薄刀切蘿蔔絲了。

廚刀因日常使用很容易變鈍，一般約兩三個月我會將廚房用刀全部整理一次，用簡單的一千號砥石打磨。我在政大歷史系的學生吳承瑾是專業手工刀師，指導我磨刀的方式，略謂：我建議把刃口磨成薄薄的微凸弧面，直到刃口起毛邊後，再用左右十五度的角度把毛邊帶掉，得到一個很細的三十度刃口微小斜面。

吳承瑾進一步說明其抓刃角的數據：磨刀角度方面，很多廚刀是兩段式斜面，除了刀身主斜面外，刃口還有一個次斜面，兩道斜面中間有條稜線。一般而言，片刀建議主斜面小於五度，次斜面二十五到三十度。剁刀主斜面五度左右，次斜面三十到五十度。我角度抓的是大概，因為我習慣刃口往內一公釐的位置，厚度片刀抓零點四到零點六公釐，砍刀一公釐，弧面磨到底，以這樣的角度磨到刃口起毛邊，再幫刃口次斜面。原廠的厚度抓得不會差太遠，所以順著噴砂區域的弧面，推到底，直到起毛邊。然後用左右十五度角，把毛邊輕輕磨掉，不用完全磨掉會更利。噴砂區域就是菜刀廠開刃時磨的，由於要把凌亂的磨痕拋光很耗成本，所以他們把刀背用鐵板遮住，用噴砂把刃口磨痕噴掉。

我磨刀沒有這麼細緻，大抵依經驗法則，取十五度角，磨至起毛邊，再將毛邊輕輕磨掉，用左右手拇指試刀鋒，感覺利度夠即可。

我的刀架是好友呂柏廣醫師手製，常用刀插其上，包括生食二號片肉刀、熟食三號片肉刀、牛刀（廚師刀）、小魚刀、水果刀（用小號廚師刀代）、鋸齒麵包刀；非常用刀置於組合櫃內側之刀架，包括剁刀、刺身刀、金永利小魚刀和冰刀。

我常用的砧板是室內設計師好友所裁製，這位友人收藏木頭，為我製作的砧板使用歐

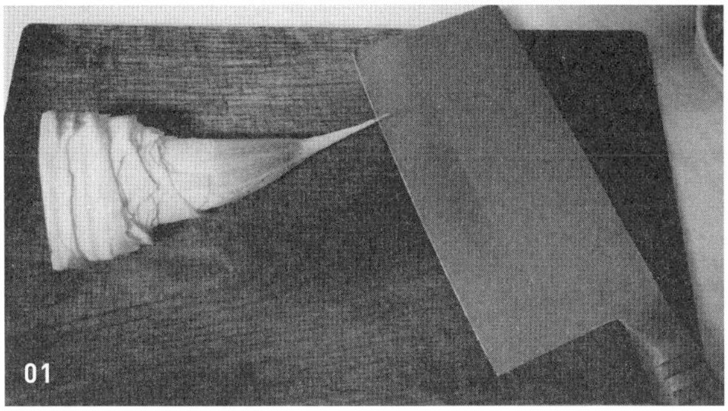

01 友人為我裁製之砧板，歐洲橡木，長三十八公分，寬二十一公分，底部內縮零點五公分，方便手持，屬西式砧板。02 好友呂柏廣醫師手製刀架，常用之刀插其上，方便隨時取用。

洲橡木，長三十八公分，寬二十一公分，底部內縮零點五公分，方便手持，屬西式砧板。我另外有一個中式砧板，即常見之烏心石圓板，五金行或十元店賣的那種。我慣用西式方砧板，偶爾使用中式圓砧板。

有一回在寧夏市場鴨肉擔吃麵，聽到一位歐吉桑和麵店老闆的對話，嚇了我一跳。歐吉桑問老闆哪裡買得到軟一點的砧板，老闆說烏心石仔彼款就很好用了呀！歐吉桑說烏心石仔尚硬，切的肉歹食。正在吃麵的我下巴差一點掉下來，我第一次聽到砧板太硬，切的肉口感不佳。我只是覺得砧板太硬傷刀，太軟不耐用，至於軟硬之間如何選擇，完全沒有概念，只要不是塑膠砧板即可。我不知裁製砧板的友人選擇歐洲橡木，是否有特別的考量。在此之前，這位室內設計師友人曾用日本松木為我裁製砧板，木質偏軟，殊不耐用。不曉得這位歐吉桑後來有沒有找到適用的砧板，我很想知道最後他選了什麼木做砧板。

廚房是一個人的武林，每個人選擇自己的兵器，用什麼刀存乎一心，稱手為要。

竈邊一碗水，油鹽醬醋酒

煮食從爆香後的水先行，到起鍋前熗料酒，紅燒熗烏醋。

「開門七件事，柴米油鹽醬醋茶」，其中六項攸關煮食。如將煮食擴大為飲食文化，茶亦涵蓋其中，可見吃喝在生活中的重要性，故云「食飯皇帝大」。

昔時起土為竈，燒柴取火；今人用電和天然氣，或明火，或陰火，其為火也則一。米泛指五穀雜糧，今日名曰主食者。開門七件事中，油鹽醬醋與煮食密切相關。此外，另有兩樣與煮食息息相關者，其一為食材下鍋前之水，另一則是起鍋前所熗之料酒，名曰起鍋酒。

現代人鮮少有用大竈炒菜的經驗，居家煮食，如非明火的瓦斯爐，即較安全之電磁爐，容易忽略炒菜時竈邊要準備一碗水。蓋大竈火勢旺，炒菜很容易一不留神就燒焦，故須隨時準備一碗水。

小時候姆媽用大竈做飯，我常幫忙燒火。坐在小板凳上，將木柴伸入竈中架好，柴下方留一孔洞，塞進引火的草穰子，草穰子燒著後，引燃木柴，用吹火筒吹或以蒲扇搧，使柴火燒旺。竈邊上姆媽會放一個瓠勺裝水，起油鍋爆香後，倒一點兒水，再下要炒的菜。大竈火勢上來後極旺，如果沒有這一瓠勺水，很多菜大概就燒焦了。大竈不像瓦斯爐那樣可以轉大、中、小火，只能用水調節，雖然亦可將柴火挪移到竈角降低火勢（名曰退火），但遠不如瓦斯爐之瞬間轉換。起油鍋前姆媽有時會先倒一點兒水，試一下鍋子的熱度，若直接倒油，很可能會著火。九九快炒店翻炒某些菜時，我們常會看到火在鍋面燒起來，其故在此。故爾炒菜前在竈邊準備一碗水是必要的，否則鍋太熱倒油會有點危險。特別是用鋼鍋炒菜，導熱太快，很容易燒焦。

有論者曰江兆申先生的山水畫，在構圖上如覺有不完善處，往往以樹調節之，故名之曰救命樹。竈邊一碗水，乃煮食之救命仙丹，猶如山水畫中的救命樹，其然乎？豈其然乎？

除了竈邊一碗水之外，記得竈邊要準備一條吸水性佳的抹布，洗好鍋子後用抹布擦乾，庶免直接用爐火烤乾鍋子，一則鍋面易有水漬，再則要花比較長時間，直接用抹布擦乾洗鍋之餘水，可以較快速轉換炒下一道菜。用廚房厚餐巾紙擦乾洗鍋水亦可，但我覺得不如抹布好用。每次做完菜，清理完廚房，將擦流理臺抹布、擦爐臺抹布、擦鍋子抹布都清洗乾淨，方便下次使用。

我們常會聽到有人說「我喜歡吃食物的原味」，因此煮食不加調味料，吃水餃不蘸醬。但除了生食和水煮（汆燙），而且吃的時候不加醬酢料，否則哪有什麼原味的食物呢？

新世紀以後養生之道盛行，常聽到專家說不要吃太油的食物。關鍵不是食物油不油，而是要吃好油。總不能所有食物都水煮吧！

食用油是煮食者第一個要面對的，不起油鍋如何爆香。我平常煮食以苦茶油和橄欖油為主，除了過油（油炸）因用油量太大，會使用台糖葵花油（其他各家葵花油或動、植物油均可），我只是個人習慣用台糖葵花油，完全沒有任何業配之意。橄欖油我也會選擇台糖，沒有什麼道理，只是個人習慣。但台糖橄欖油不太好買，如果買不到，別家適合高溫熱炒的橄欖油亦可。我個人不喜歡名人代言廣告的品牌，心裡老覺得買油的錢，有很大部分花在廣告上很不值得。我承認自己身帶反骨，愈多廣告代言的東西，我愈興趣缺缺。我常看到許多美食家為餐館代言，卻刻意寫成是自己親身體會之食記，我覺得這樣糊弄閱聽人很糟糕，這種事情做多了，很容易將自己的聲名搞臭。

苦茶油非常適合炒菜，我常用的是陽光苦茶油。如果原料可靠，我會選擇臺灣生產的苦茶籽。我知道有些油廠使用進口苦茶籽，尤其有部分苦茶籽來自中國，難免心有疑慮。陽光苦茶油是陽光基金會輔導原住民砍掉檳榔，改種苦茶樹，陽光基金會委交金椿油廠製造。苦茶籽來源可靠，壓製的油廠可信，而且蘊涵公益於其中，是我的苦茶油首選。

胡麻油多用臺南所製，臺南人習慣以自家生產之胡麻送油行壓製，或用胡麻與油廠換油，現代種胡麻的家庭不若昔時，亦有直接向油行購買者。我也使用雲林斗六友人家傳工廠之胡麻油，規模不大，維持傳統品質。白麻油（香油）使用文山在地山芳良油行所製，四十年老店，兩代人經營，品質可靠。

鹽是食用油之外，最基本的調味料，市面上有各式各樣的鹽，有些進口食鹽廣告文案寫得天花亂墜，反正八仙過海各顯神通，消費者願意埋單我都沒意見，須留意的是部分進口鹽不含碘，而碘是身體健康必需之元素，而標示是否含碘的字體常常很小，購買時要特別留意。我自己平常使用的是法國鹽之花混台鹽美味鹽，鹽之花層次豐富，美味鹽含碘，我大約以鹽之花五、美味鹽一的比例混調，純屬個人習慣。

醬油是紅燒不可或缺者，廚房總需常備。我習慣保持深淺二色醬油，深色醬油較鹹，淺色醬油味淡，很容易分辨，有些工廠會標黑蔭油、白蔭油；香港人說老抽、生抽，深色醬油是老抽，淺色醬油為生抽。平常使用的深色醬油有三，一款是西螺黑蔭油，沒有固定廠家；二為嘉義民雄老字號廠家黑龍蔭油，三是上下游委託南投甘寶生物科技公司所製黑蔭油。淺色醬油兩款，一是上下游出的白蔭油，一為屏科大所出薄鹽醬油；屏科大薄鹽醬油當蘸醬是一絕。前些時候試用臺南一家小型工廠所出深、淺二色醬油，香氣口感均佳，惟略甜。臺南人飲食喜甜，到臺灣各地吃東西都不習慣，覺得臺南食物最好吃。我的臺南朋友們很有趣，每個人都有自己的飲食地圖，認為別人講的都不對。最好吃的菜粽、鹹糜在我家巷子，即典出臺南人的飲食文化。尤其米其林的星星和五百盤，臺南人簡直嗤之以鼻。我自己對米其林星星和五百盤固興趣缺缺，認為無非媒體炒作，當不得真。但比起臺南人，還真是小巫見大巫。

我有使用蠔油的習慣，做紅燒時有時會加一些，雖然不一定每次都加。我是老派人，習慣用李錦記，以前比較難買，現在方便多了，大部分雜糧行均有售，連超市都買得到。曾經看過一個美食節目，外場主持人訪問一位江蘇某城之高價類私廚，老闆兼主廚自豪云他的菜從不加蠔油，都是天然的味道。第一次聽聞蠔油如此罪大惡極，把我嚇了一跳。但我並未受影響，做菜時仍會使用蠔油。我倒是很少使用沙茶醬，主要是沙茶醬味道太過霸道，任何菜加了沙茶醬就只剩它的味道，其他醬酢料都消失了。有人可能會問，那吃火鍋怎麼辦？我吃火鍋什麼醬酢料都加，唯獨不加沙茶醬，腐乳醬常是我主要的選擇。雖然臺灣人吃火鍋例有沙茶醬，我取醬時基本上直接跳過。但以沙茶醬入味之菜甚多，最近我偶亦學吃一點兒沙茶醬，並試著用以煮食。

我鮮少使用大品牌或名人代言的醬酢料，而以小品牌或小廠為主。那些名人代言或廣告滿天飛的醬酢料，我都敬謝不敏。我是買煮食用的醬酢料，又不是買廣告。

有報導指出味素並不如媒體所說那麼罪大惡極，我對味素沒有太多反感，從小吃到大，要真有害健康，大概也活不到現在。雖然廚房不備味精，類似調味料仍是有的，諸如鰹魚粉、香菇粉、豆油粉、蔬菜粉等，總會備幾款，視清況使用。有些人認為鰹魚粉、香菇粉等太過取巧，而且有害健康，應該自己從天然食材中提煉；我個人覺得還好，所有調味料都自己製作，未免太過費事。倒是日本佛教有一宗派，以飲饌供養修行，確然所有醬酢料都自製。有一回友人請吃素食，餐館在北宜路上，環境與建築如日本佛寺，屋前有一個水池，極為幽靜。店主人是一對夫妻，兩人同修，向日本師父學習煮食和修行，食材皆天然，

01 需冷藏的醬酢料占據冰箱的五分之二。**02** 爐臺左上方的食鹽、砂糖和調味料。

醬酢料悉自製，口感極佳，印象深刻。

客家人做鳳梨苦瓜雞不一定用醃鳳梨，有時是生鳳梨加米豆醬（黃米醬），炒芋荷用麻油薑絲，亦可用米豆醬炒（比較接近煮）；薑絲大腸的滋味，靠米豆醬調和；米豆醬是黃燜雞的靈魂，使雞肉和食材、配料融為一體；是故冰箱常備米豆醬。客家醬料常備者尚有桔醬，我一直覺得桔醬真是奇妙的醬料，蘸什麼都好吃。干貝XO醬是好物，準備一罐放冰箱，炒青菜時很好用，當蘸醬、拌麵，均極適口。臺東成功鎮農會販售一種鬼頭刀干貝醬為家中常備，清炒蔬菜時加一小湯匙，口感馬上提升，鬼頭刀干貝醬是馬世芳所推薦。

麻婆豆腐之精髓在豆瓣醬和花椒粒，青花椒與大紅袍各有妙處，郫縣豆瓣醬做麻婆豆腐最得味；豆瓣魚顧名思義非豆瓣醬莫辦；故爾家中常備辣與不辣二款。日本人做味噌湯例加深（鹹）淺（淡、白）二色味噌，白味噌慣用日本信州，鹹味噌有時選用信州，有時用臺灣味噌。同屬鹹味噌，臺灣味噌一般比日本味噌鹹度略高。

醋無非白醋、烏醋，除了吃大閘蟹會特別選用鎮江醋，一般白醋選用糯米醋，烏醋為做紅燒之起鍋醋，亦屬常備，兩種醋均使用雜糧行和超市到處可以買得到者。

煮食用糖各有巧妙，如外省菜的炒糖色，客家人燉湯加糖，麻油雞湯加糖，汆燙蔬食也加糖，故爾常備赤砂和冰糖，隨機選用。

煮羅宋湯不能缺月桂葉，我蒸魚時也愛加月桂葉，故爾家中常備。曾讀過一篇文章，一位姊姊描述她有個功課不好的弟弟，不論如何努力，功課就是跟不上，家裡非常擔心。有一天姊姊在廚房燉羅宋湯，弟弟聞到空氣中的味道，在樓上房間對樓下廚房的姊姊喊：「姊姊妳忘記加月桂葉了。」姊姊忽然醒悟，弟弟對食物的氣味這麼敏感，不會讀書有什麼關係呢！可以去當廚師呀！後來弟弟去學煮食，成為很好的廚師。每個人會為自己生命找出路，五感敏銳者只要肯努力，很有機會成為好廚師；釀酒師、咖啡師或調酒師也很適合，人生不是只有讀書這條路。後來我煮羅宋湯時總會想起這個故事，提醒自己要記得加月桂葉。

蔥、薑、蒜、辣椒、紅蔥頭為常用辛香料，買菜時隨手帶上，需要時亦會買點兒蒜苗。黑胡椒粉、白胡椒粉、黑胡椒鹽、白胡椒鹽，均屬常備。牛排我喜用須研磨之胡椒粒加鹽之花，香煎魚則逕蘸黑胡椒鹽，喝湯加白胡椒粉。我喜歡馬告（山胡椒）的味道，想到馬告香腸，口水流毋煞。我是馬告控，煮湯時抓一小把馬告拍碎，關火前投入湯裡，香氣四溢。孜然粉、花椒粉偶爾用到，亦隨時備有。花椒粒、乾辣椒等辛香料，做辣子雞丁、宮保雞丁會用到，也會隨時準備。京醬肉絲和醬爆雞丁我不太用甜麵醬，而以雙色味噌代替，所以家裡雖偶有甜麵醬，但非常備；此蓋屬個人口味，不足為訓。其他各種醬酢料和辛香料，族繁不及備載，僅舉其大要。

做菜起鍋時我習慣熗料酒，以釀造酒為主，常備者為米酒頭、紹興酒（紅露、黃酒）、紅酒，偶用啤酒；少數菜式會用蒸餾酒，包括威士忌和高粱，惟非特別準備，酒徒家中總有喝剩的，需要時隨手倒一下。未曾使用過白蘭地，蓋非我守備範圍，平常喝得少，沒有剩酒故也。雖然料理米酒很便宜，但我建議做菜時至少要用紅標米酒，別用料理米酒；米酒頭是我最常使用的，做出來的菜香和紅標米酒差很多。我煮燒酒雞、麻油雞也喜用米酒頭，不用紅標米酒，至於料理米酒則從不使用，花甲老翁要寵愛自己。

煮食從爆香後的水先行，到起鍋前熗料酒，紅燒熗烏醋。竈邊一碗水，油鹽醬醋酒，豐富了我的煮食人生，任憑酸甜苦辣一路行去。

01 櫥櫃裡雜置的乾貨食材、罐頭和醬酢料。02 爐臺邊方便隨手取用的油、料酒和醬酢料。

冷凍櫃之必要

雖然我不知道冷凍櫃入荷後，家裡會不會更靠近天堂，但肯定是流著奶與蜜的迦南地。

日子清清淺淺地過著，人間四月天，是風，是雨，沒有春天。

新冠肺炎肆虐，清明連假之後，花甲老翁乖乖換成醫療口罩濾芯。日子改變了我們，沒有人能例外。原本我一直用奇美醫院陳醫師推薦的晾乾濕紙巾，清明連續假期過後，認命戴上重裝武器配備醫療口罩濾芯，等過了這半個月再說。心裡當然碎碎念著參加大型家族掃墓的朋友們，以及到風景區和夜市趴趴走的朋友們。幸好舊曆年前買了一盒醫療口罩，僅使用兩個；加上昔時學生漢娜送的，疫情尚未嚴峻前，遠從俄羅斯訂購的六十個醫療口罩，終於拆封啟用了第一個。

我一週僅兩門課，必須戴口罩的時間不多，最長時間是週四的六小時，其他時間每天戴半小時到三小時不等，晾乾濕紙巾每天換，醫療口罩使用加總八小時才換，到目前為止僅使用兩個醫療口罩。

花甲老翁是新冠肺炎的高危險群年齡層，我知道自己隨時有可能感染，而且心裡也做了最壞打算。如果需要自主健康管理，或者強制隔離十四天，吃飯問題總得解決。家裡一包泡麵都沒有，也沒有冷凍水餃，每天照起工自行煮食。

三月某日讀到胡慧玲姊在臉書貼文，提及她新買的直立式冷凍櫃，是個瘦高男孩，寬五十四點六公分，深五十六公分，是慧玲姊一位開餐廳友人推薦的，我心裡想開餐廳友人推薦的一定是好物。於是向慧玲姊要了相關資訊，拿皮尺在家裡四處量，看哪裡有空間擺冷凍櫃。住居是舊公寓五樓，坪數極小，別人住豪宅，我住的是好窄。左量右量，上量下量，勉強在進門對牆找到一處可容五十四點六公分寬的角落，於是上網訂購。慧玲姊說有一種名曰福利品者，功能完善，品相稍差，可以省數千元，小器財神如我者，當然有樣學樣訂購福利品，但網上註明缺貨，須等待通知。訂單送出後，左等右等，不見通知。過了三週，上網查詢，不僅福利品選項取消，正品也缺貨，這下大事不妙，又逢清明連假，最需戰略物資之時。於是上網另行查詢同一型號的代理商，福利品居然有貨，於是立刻下訂。等訂單確認後，才發現我訂的和慧玲姊不是同一款，長寬相同，高度多二十公分，內部結構多加一層。訂單已下，也就隨他去。

這回代理商倒是手腳麻利，下訂五天後來電云已出貨，貨運公司約三、五天後可送達。

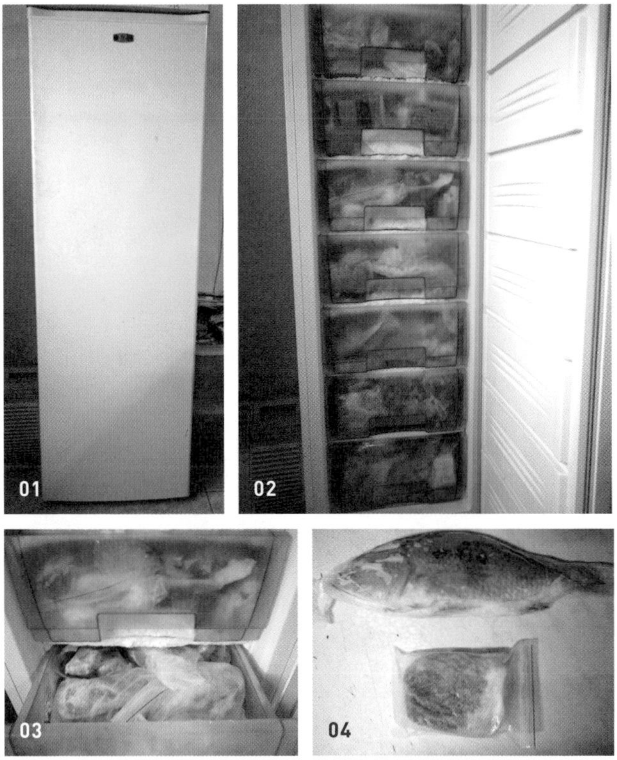

01-02 直立式冷凍櫃在家庭使用很方便，內部為抽屜式。**03** 直立式冷凍櫃之其中兩層，上層為海產，下層為四隻腳之肉品。**04** 肉品、雞鴨及海產買回來後，先分裝好再放進冷凍櫃，做菜時取出要用的食材，備料會簡單許多。

不意次日貨運公司即聯絡我，云當日可送達，於是家裡就多了個直立式冷凍櫃。

有了冷凍櫃當然要裝好裝滿，週末早上背著我的茄芷袋，前往木新傳統市場，買魚買肉買雞鴨。一般傳統市場雞肉攤不賣鴨，週六市場外路邊的一家雞肉攤有賣鴨子，我曾買過一次，這次不只買鴨，還買了一隻雞，老闆價格很克己。

面對市場左邊巷子有個魚攤，大魚論條賣，長度四十公分以下的魚論盤賣，每次買魚都要下很大決心，三、五條魚一盤，買回家冰箱冷凍室就塞爆了，我這個愛吃魚的客家人怪胎，常常望魚興嘆。客家人因原鄉在山區丘陵，一般不太吃魚，可我嗜魚如命，這次終於可以買好買滿。選了兩條四十幾公分的鱸魚，索價兩百元，一盤海吳郭魚二百五十元，六條，比我的肥肥手還大一些，真是肥腴壯碩。鱸魚請店家蝴蝶切，準備做清蒸。臺灣民間習俗，拜拜用的魚要跪著蒸，我換個方式，蝴蝶切翻開躺著蒸，比較容易熟。我買午魚或馬頭魚等中尺寸的魚也都蝴蝶切，乾煎、清蒸或做一夜干都方便好用。

轉屋清洗八條魚殺得我昏天暗地，日月無光，但想到冰櫃裡滿滿的魚，真是一個心頭好。早上清理魚，晚餐盤中飧，就做個豆瓣魚吧！

一般魚攤不賣鯉魚，更別提帶卵的母鯉魚，除非到魚批發市場。所以我做豆瓣魚常選臺灣鯛，即海吳郭魚，比淡水吳郭魚少些土味。

整理好食材，到學校後山走一遭。原本的運動項目因場館封閉，無法繼續重訓、泅水和上飛輪課，但總還是得動一動。於是改成在家練核心肌群，天氣好的時候騎車河濱道，或者走一趟學校後山。後山大草原的蔓花生開得燦爛，如果不是因為疫情改變運動項目，我肯定不會彎下腰來看她們。我們總是遙望遠天的彩虹，而遺忘了身邊的玫瑰。

走完山路，轉屋。從冷凍櫃取出臺灣鯛，雖然早上已清理好，我仍用舊牙刷略事清洗，米酒頭加鹽醃一下。用廚房餐巾紙吸去水分，塗上一層薄薄的全蛋液備用。紅燒醬、豆瓣醬、蠔油倒進飯碗攪拌，加些許白胡椒粉和花椒粉帶香，因為我不喜歡醬料太濃，加點兒水調好備用。起油鍋，鍋底油適量，開大火，油溫約一百五十度，魚下鍋後馬上晃動鍋子，讓魚身在鍋底滑動，只要魚身能滑來滑去，魚就不會沾鍋破皮。十秒鐘後翻面，因為熱鍋熱油，十秒鐘魚皮已煎熟，煎熟就不會破皮了；我習慣用小拋鍋翻面（故爾鍋底油亦不能太多，會噴），同樣煎十秒鐘，轉中小火，蓋上鍋蓋，煎三分鐘，其間約每分鐘晃動一下鍋子，只要魚能在鍋裡滑動，即可確認魚沒有沾鍋；翻面，煎三分鐘，起鍋。

香煎和做後製加工魚（如紅燒、蔥燒）不同，因為香煎魚不再下鍋，必須一次煎熟。

豆瓣海吳郭魚成品。

做後製加工魚則煎至七、八分熟即可，蓋後製時會再熟成故也。煎好魚置盤中備用，不洗鍋，直接用煎魚的油炒醬料。蒜頭、薑絲、蔥白、大紅椒爆香，倒入調好的醬料，煮滾，下嫩豆腐，略燜。下煎好的魚，中火燉煮，下蔥綠，開大火收汁，下烏醋，起鍋，撒上蔥花。

前些時候友人送了大溪豆腐乳，剝幾片雪翠高麗菜，手撕，切一條大紅椒添香兼配色，做一道腐乳高麗菜。冬吃菜頭夏吃瓜，舊曆年後菜頭大出，價廉，買了虱目魚丸，煮一鍋清淡好食的菜頭魚丸湯。

兩肩擔一口，兩菜一湯食飽飽。我很少出門，家裡就是我最接近天堂的地方。聽音樂有音響，寫字有文房，讀書有書案，研究有電腦，畫畫有畫案，吃食有廚房，練核心有瑜伽墊，家裡確實是我最靠近天堂的地方，我在這裡安頓身心。雖然我不知道冷凍櫃入荷後，家裡會不會更靠近天堂，但肯定是流著奶與蜜的迦南地。

晾菜，理肉，清魚腹

處理食材從採買開始，每次買菜回來，先分類整理好，煮食時只要專心備料即可。

巧婦難為無米之炊，廚師無能做無材膳食，對愛煮食者而言，食材的處理常令人煩惱，尤其是葉菜。

食材處理並非從備料開始，而是從採買算起。傳統市場菜攤為維持新鮮，會噴水保濕，蓋不保濕葉菜很快過於乾燥，賣相不佳。但噴過水的葉菜如果不晾乾，直接收進冰箱冷藏，葉子會很快爛掉。許多家庭煮婦、煮夫皆為此苦惱，我也不例外。超市食材以冷藏或冷凍處理，蔬食多冷藏，葷食多冷凍，買好食材返家後如何安置，考驗煮食者整理食材之手路。

我大約每週買一次葷食，海陸空，魚蝦豬雞，偶爾加上牛羊；買雞肉時我習慣買一整隻雞，加一塊去骨雞胸肉，一隻去骨雞腿，去骨雞胸肉乃做雞丁之用；全雞剁大塊，帶骨，做雞湯或燒雞，包括三杯和麻油雞。先卸下兩隻大雞腿，一隻去骨，一隻不去骨，去骨者留做雞丁之用，不去骨者備做燒雞或煮湯之用；或者兩隻雞腿都不去骨，蓋因另買一隻去骨雞腿故。其餘部分大切四塊，頭腳、雞雜和雞腿骨算一份，一隻雞拆成七份，帶骨部分做燒雞，去骨者做雞丁。轉屋後將七份雞塊裝進夾鏈袋，一袋一膳，備料時拿出要用的那一份即可。豬肉不論五花肉、梅花肉、離緣肉（玻璃肉）、子排、老鼠肉、豬腳，一份平均約四兩左右，同樣用夾鏈袋裝好，每次用一袋，人多時取兩袋。故爾做肉膳時，取出要用的一袋豬肉即可，而因肉膳之別，取用不同部位。

魚蝦海產是比較難處理的，蝦子約六隻裝一袋，方便取用。魚分全魚或輪切，有不同處理方式，輪切一輪一份，轉屋後以舊牙刷清理乾淨，用厚保鮮膜封好或裝進夾鏈袋。全魚會用魚鱗刨將魚鱗完全清理乾淨，大部分魚攤會幫忙殺魚，鰓已去除，內臟往往還待清理，我會用牙刷將魚腹完全處理乾淨，用厚保鮮膜封好或裝進夾鏈袋。

蔬食的處理尤為重要，菜攤為使葉菜賣相佳，往往噴水其上，避免乾萎。帶水葉菜收進冰箱，很容易腐爛。故爾葉菜買回家後必須先晾乾，再整理成一道菜的分量，用吸水的紙分別包好，裝進塑膠袋，再放到冰箱。縱使超市買的蔬食，我也建議稍晾一下，用吸水的紙包好，裝進塑膠袋，再放到冰箱。我每週上傳統市場兩次，實驗多種方法，最後發現拿練過字的書畫紙晾菜，效果最佳。書畫紙大部分吸水性好，我因每日習字，寫過的紙留不勝留，其歸宿無非送回收，用來晾菜真是再好也不過了。昔時包菜多用報紙，報紙很吸水，包菜很好用。現在很多家庭不訂報紙，可能要找較吸水的紙包菜。晾乾的葉菜用書畫紙包好，外套塑膠袋，寫好菜名，放進冰箱，保存三、五天依然新鮮。

處理食材從採買開始，每次買菜回來，先分類整理好，煮食時只要專心備料即可，蓋因前置作業在採買時已完成。故我煮食時，只要從冰箱和冷凍櫃取出食材，無論海陸空，動植物，根莖葉花果，一包食材一道菜，簡單方便，可以節省許多備料時間，故能專注於煮食。

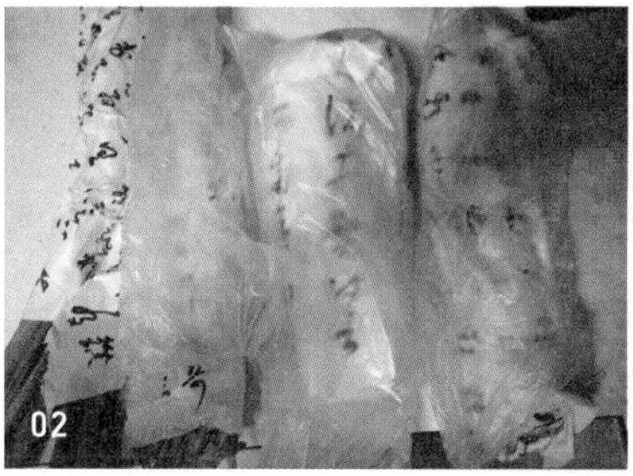

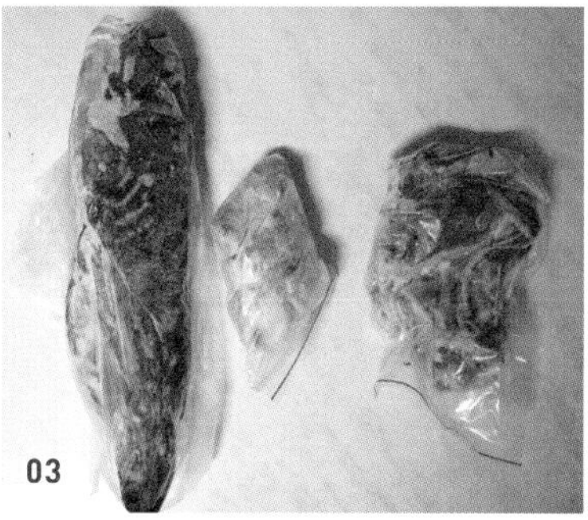

01 葉菜買回家後必須先晾乾，縱使超市買的蔬食，我也建議稍晾一下，習慣用練過字的書畫紙晾菜，我覺得效果最佳。02 葉菜用吸水的紙包好（我同樣用練過字的書畫紙），裝進塑膠袋，再放到冰箱。03 肉品、雞鴨、海產買回來後，先清理乾淨，分裝好每次的分量，再放進冷凍櫃。

煎魚起手勢

魚煎不好，大概就超過半數魚膳做不成了。

部分自煮者想到煎魚常心生恐懼，除了刺身、烤魚、清蒸、魚湯，幾乎所有魚膳都須經過煎魚這道手續。香煎當然得煎，其餘各式後製加工魚，如紅燒、蔥燒、蒜燒、糖醋，甚至麻油烏魚、黃魚煨麵、烏魚米粉、鯧魚米粉，其前置作業都須先煎魚。魚煎不好，大概就超過半數魚膳做不成了。

煎魚是許多愛煮者的痛，我相信許多婆婆媽媽想到煎魚就一個頭兩個大。我認為最好的辦法是直球對決，別無他途可循，除非你不吃魚。但在直球對決之前，仍須有一些準備動作。

魚攤賣魚常見者為全魚或輪切，轉屋後清理方法有同有異。輪切一般一輪一份（家裡人口多者亦可能一次煎幾輪），以舊牙刷清理乾淨後，用帶黏性的厚保鮮膜封好或用夾鏈袋裝好，擠掉空氣，置於冷凍庫備用。大部分魚攤會幫忙殺魚，去鱗，去鰓，但魚鱗不一定去除完全，回家後須以魚鱗刨將魚鱗完全清理乾淨。魚攤殺魚時間很趕，內臟往往清理不確實，回家後放在洗菜籃裡，一邊沖水一邊用牙刷將魚腹完全處理乾淨。在清理魚腹時，須以小魚刀割開龍骨，讓龍骨血流出，以牙刷將龍骨血刷乾淨，這些工作都在水槽處理，邊刷邊沖水，直到龍骨血和魚血清清如洗，整條魚完全沒有髒汙，再用帶黏性的厚保鮮膜封好或用夾鏈袋裝好，擠掉空氣，置於冷凍庫備用。

部分愛煮者買魚回來，不再做後續處理，魚容易有腥味。魚不新鮮當然有腥味，而腥味的主要因素是龍骨血沒洗乾淨，因此我會建議所有愛煮者最好能準備一把小魚刀。金永利和金合利均製有一號和二號電木小魚刀，女生手比較小，建議使用二號，男生手大用一號，方便清理龍骨血和魚腹尚在沾黏的內臟。魚攤使用的小魚刀，或雞肉攤用的去骨刀亦可，我平日所用即魚攤使用之小魚刀。最好也能準備一隻料理剪刀，方便剪開魚嘴、魚顎或剪除太長的魚鰭。

煎魚有許多小撇步，任何一種都可以把魚煎赤赤，外酥內嫩。煎魚最怕沾鍋，因此很多自煮者選擇使用不沾鍋，我對不沾鍋各種塗料有疑慮，故爾向來敬謝不敏。我的炒菜鍋一律是鐵鍋（不一定是鑄鐵鍋，只要是鐵鍋就行），取其導熱快、續熱久，不沾鍋太過溫吞，炒

01 香煎金鯧魚：我覺得金鯧魚肉質極佳，不下於白鯧，是過年圍爐的另一個選項。02 香煎馬頭魚：馬頭魚肉質極細，屬於不容易煎好的魚。

起菜來要死不活，煎魚尤其嚴重。一般煮食節目常用不沾鍋，仔細看就會看到鍋子品牌，所以別太相信，蓋屬業配者也。

煎魚常用之法甚多，諸如可以在魚身塗橄欖油，或塗一層薄薄的澱粉（太白粉、玉米粉、地瓜粉）；作家季季姊在鍋底塗生薑，臺灣飲食史專家曹銘宗學長煎魚時加比較多油，用半煎半炸的方式煎魚，留下來的鍋底油可以用來炒另一道菜。我自己喜歡塗全蛋液，鍋底油適量，以魚身在鍋底滑動時可以接觸到油為度，先大火，後轉中小火，時間控制適中。煎魚對我而言如臺灣俗諺所云「桌頂拈柑」（用手指頭拈取桌上的橘子，比喻事情極其容易），歐美人說的一片小蛋糕。

一般餐館的後加工魚，不論紅燒（蔥燒、蒜燒）或糖醋，前置作業多為過油（炸），蓋過油可一次處理多條魚，依序入鍋，而且不會破皮，廚師較為省事，僅有少數餐館在客人不多時會用煎的。

我因為煮食備料多用全蛋液，故爾冰箱常備玻璃材質圓保鮮盒裝的一顆全蛋液，醃漬豬、牛、羊肉和雞肉，均使用全蛋液。蓋因我不喜歡太白粉，雖亦常備，鮮少使用，譬如食譜常教人炒豬、牛、羊肉和雞肉前先用太白粉加食用油抓一下，醃製十分鐘；我偶爾會用食用油加澱粉（玉米粉、地瓜粉或蓮藕粉）醃製，但大部分會選擇用全蛋液，因為冰箱常備，故煎魚前會用小油漆刷塗一層薄薄的全蛋液。

從冷凍櫃取出魚，解凍方式常用者有四：一、用微波分兩次退冰，視魚之大小，每次約一到兩分鐘；二、先用百分之六十火力微波兩分鐘，後段用沖水法解凍；三、直接用水龍頭沖水法，水龍頭不要開太大，慢慢沖水解凍；四、食鹽

01 蔥燒尼羅河紅魚備料。02 做好的蔥燒尼羅河紅魚。

加七十度熱水泡五分鐘。魚解凍後依大小決定是否刻花，我一般半斤以下不刻花，半斤以上刻花。再用米酒頭加鹽醃製，時間依備料其他食材而定，原則上至少十分鐘。以廚房用餐巾紙吸乾水分，塗上一層薄薄的全蛋液。

起油鍋，鍋底油適量，開大火，油溫約一百五十度，魚下鍋後馬上晃動鍋子，讓魚身在鍋底滑動，只要魚身能滑來滑去，魚就不會沾鍋破皮。十秒鐘後翻面，因為熱鍋熱油，十秒鐘魚皮已煎熟，煎熟就不會破皮了；我習慣用小拋鍋（故爾鍋底油亦不能太多，會噴），無法拋鍋者可用兩支料理夾或兩雙料理筷翻面，用鍋鏟亦可。同樣煎十秒鐘，轉中小火，蓋上鍋蓋，煎兩三分鐘（視魚大小而定），其間約每分鐘晃動一下鍋子，只要魚能在鍋裡滑動，即可確認魚沒有沾鍋；翻面，煎兩三分鐘，起鍋。香煎和做後製加工魚（如紅燒、蔥燒）不同，因為香煎魚不再下鍋，必須一次煎熟。做後製加工魚則煎至七、八分熟即可，蓋後製時會再熟成故也。

煎魚小撇步各有巧妙，鍋底塗生薑，魚身塗食用油或澱粉，魚身塗全蛋液，手路固然有別，將魚煎好為首要之義。我因為冰箱常備全蛋液，故以塗全蛋液為多，關鍵在初下鍋的前二十秒，熱鍋熱油，瞬間將魚皮煎熟，維持魚身可在鍋裡滑動，煎魚就萬無一失了。

酒食二重奏，人生須盡歡

雖然我完全不懂酒食間的搭配，但酒友們好像能窺見我的內心世界，
帶來的酒常常讓我千杯，千杯，再千杯。

李白〈春夜宴桃李園序〉是著名的家宴詩，「會桃李之芳園，序天倫之樂事。……開瓊筵以坐花，飛羽觴而醉月。不有佳作，何伸雅懷？如詩不成，罰依金谷酒數。」好花時節，昆弟瓊筵，佳餚滿桌，羽觴如飛，與月同醉。故爾昆弟春夜家宴必須有酒，吟不成詩者，依石崇金谷園例，罰酒三杯。可見吃飯喝酒是古今常態，佳餚滿席，不能無酒，莫怪乎孔老夫子要說「有酒食，先生饌」，吃飯這檔子事兒和美酒是扯不開關係的，而且酒常常放在食的前面。有食無酒，老覺得長那麼一口氣兒。

唐宋詩文多記讌飲，有讌必有飲，李白詩〈將進酒〉：「人生得意須盡歡，莫使金樽空對月。天生我材必有用，千金散盡還復來。烹羊宰牛且為樂，會須一飲三百杯。」大塊吃肉，

大碗喝酒，寫出大唐文化的特色，「鐘鼓饌玉不足貴，但願長醉不復醒。古來聖賢皆寂寞，惟有飲者留其名。陳王昔時宴平樂，斗酒十千恣歡謔。主人何為言少錢，徑須沽取對君酌。五花馬，千金裘，呼兒將出換美酒，與爾同銷萬古愁。」雖然動輒「會須一飲三百杯」、「斗酒十千恣歡謔」，有點兒扯犢子，酒食之樂確然使人陶然忘憂，乃能「與爾同銷萬古愁」，可見酒猶在食之上。

我們去參加婚禮吃飯說是喝喜酒，很少人說是去吃喜飯，當然也有人說喜筵，但喝喜酒還是比較普遍的說法。生平喝第一口酒就是在喜筵上，一九七四年春天，父親的地主阿禮伯娶媳婦，葉步榮大哥結婚，父親騎腳踏車載我去喝喜酒。父親是自耕農，耕作家裡的八分瀾仔地；耕種自家田地之餘，父親常年幫阿禮伯做田。阿禮伯名葉阿禮，是農會總幹事，在大圳溝那邊有幾甲地，父親長時在那兒做事，蒔田時跟阿禮伯算田租，種甘蔗時阿禮伯算工錢給父親，直到父親一九八一年秋天過世，幫阿禮伯耕種了三十五年地。據步榮哥說小時候就是我父親教他農事的，故爾能事耕稼。不過，後來步榮哥主要的工作是經營書店，即洪範書店的頭家。印象裡筵席上喝的是黃酒，在鄉下地方算是很豪華的了。那天父親不知怎麼喝醉了，我騎腳踏車載他轉屋，我才知道原來我酒量比父親好。但平常在家裡，父子之間並不喝酒，真正領到酒牌是大四那年寒假，過年時每天晚餐與父親對飲一瓶紹興，那是我與父親最靠近的時光。隔年秋天我入伍服役，在鳳山步校受預官訓，父親驟爾大去，從此父子人天永隔，我再也沒有機會與父親舉杯。

雖然歷史教科書總是寫「腐敗的滿清，國父立志革命」，實際上大清國在歷史中是極其強盛的，清初康雍乾三帝的功業，在古今眾皇帝中絕對名列前茅。歷經康雍乾三帝銳意經營，大清國臻於盛世，成就了乾嘉的學術高峰。乾嘉士人多文酒之會，杯觥交錯，塑造了學術盛世，無論義理、考據、詞章，均漪歟乎盛哉。詞章者文學也，乾嘉名詩人有袁枚、蔣士銓、趙翼等；考據含經學與史學也，史學有錢大昕、王鳴盛、趙翼三家；義理者經學也，有戴震、惠棟兩家；其中袁枚更留下《隨園食單》，供後人按圖索驥。二十世紀之歐洲學術亦然，以賽亞・伯林（Isaiah Berlin）與同時代的學者多有往來，從下午茶的咖啡、甜點到讌飲之樂，形成活絡的學術社群，因而天才成群地來，可見食飯喝酒有益於學術發展。

就讀歷史研究所碩、博士班時，師長們效乾嘉文酒之會，師生常共歡相坐，食飯飲酒。師長們稱我們是菸酒生（研究生），課餘之暇陪長輩吃吃喝喝，臺北著名餐館多有師生讌飲足跡。因師長多外省籍，選擇餐館以外省菜系為主，常去之餐館有復興園、大三元、彭園小館、銀翼、驥園、天然臺湘菜館、朝天鍋、臺電勵進餐廳、郁坊小館，皆師生共歡相坐，酒讌流連之所，留下師生杯觥交錯的身影。部分餐館殆已歇業，部分迄今猶存。

老一輩學者稱臺灣歷史學界有酒中三劍：天下第一劍是臺大陳捷先教授，專攻高粱；我的碩、博士論文指導教授閻沁恆師父是天下第二劍，任教政大歷史系，專擅混酒，來者不拒。先後任教臺大與政大歷史系的杜維運老師，號曰天下第三劍，拿手黃酒系列，諸如紹興和馬祖老酒之類，加薑絲或酸梅隔水溫熱喝。閻沁恆師父有喝酒五要訣傳世：一曰歪魔斜倒，倒酒時須斜持酒瓶；二曰杯壁下流，倒酒要沿著酒杯邊緣徐徐倒入；三曰不主動求戰，上了餐桌別到處找人拚酒，傷敵一千，自傷八百，鮮少人能全身而退；四曰來者不拒，任何人舉杯不宜拒絕；五曰惡貫滿盈，和任何人喝酒都是舉杯即乾。第四和第五如非酒量宏大，一般人不易做到，我陪閻師父吃飯喝酒四十年，他老人家還真是身體力行者。

我喝酒沒有什麼品味，高粱即可。而我養成喝高粱的習慣可能與服役時戍守金門有關。

一九八一年十一月二十九日，兩艘LST登陸艦載了五百多個預官和休假官兵，從高雄碼頭出發前往金門，我也在其中的一艘艦上。海上航行十二小時後，於次日下午抵達料羅碼頭，一下船我就被選進特遣隊。這一天剛好是隊上夜行軍的日子，後來我才知道金門每天都有部隊夜行軍，特遣隊安排在每個月最後一天。而每個月最後一天剛巧是金門防護射擊，防護射擊是把將要報廢的彈藥消耗掉，以免過期，而且留下太多彈藥高裝檢時容易出問題。

因為剛到隊上，無法參加夜行軍，於是待在營區，住在分配給我的小碉堡裡。午夜一過，忽聞砲聲隆隆。我走出碉堡，抬頭一看，漫天的火樹銀花，紅橙黃綠藍靛紫，七彩砲彈和各種形容不出的顏色，在空中形成交織火網。我心裡嘀咕著：「不會吧！一到金門就發生戰爭。」安全士官知道我初到金門，特別來跟我說：「見習官，免驚啦，嘿係防護射擊。」一九七九年金門和廈門之間停止打砲，在此之前有很長一段時間維持單打雙不打，兩岸隔天互打一些砲彈，表示處於戰爭狀態。我不知道後來是雙方默契或簽署協議，總之就是互相不打砲了。只留下八三么軍中樂園老兵題字的對聯：「大砲小砲砲打砲，金門廈門門對門。」另一副庵前軍中樂園有名的對聯是：「大丈夫馬革裹屍，小女子以身許國。」在戰爭的年代，老兵們戍守離島，也只能在這些地方一展文采。

戰地士官兵都住碉堡，或在隧道，或在山洞。其中擎天廳是最大的集會所，可容納上千人，我每個月要去參加一次擴大月會，穿過長長的武揚坑道走到擎天廳。政戰特遣隊為金防部直屬部隊，歸政戰部管，政戰部在武揚坑道，特遣隊在仁愛莊，相距約五百公尺。我住的碉堡不在山洞裡，而是地下室，牆壁終年滲水，必須喝高粱酒驅濕寒。真假未可知，反正老兵這樣說，我們這樣做。在入隊訓結束後，我的床鋪底下永遠放著兩瓶圓大麯。為何不是高粱而是大麯，因為高粱酒精純度五十八度，大麯六十八度。一九八二年時，白金龍一瓶一百六十元，圓大麯一瓶兩百五十元，酒量好的當然選喝大麯。雖然大麯酒精純度六十八度，但只要能適應，大麯的甜度比高粱高，對我而言，較高粱容易入口。

從金門歸來後，我養成喝高粱的習慣，而且喜歡蒸餾酒多於釀造酒。蒸餾酒者，五穀雜糧所釀，再加蒸餾程序所製之酒，一般稱之曰白酒。歐美五穀雜糧所釀之蒸餾酒名曰威士忌，葡萄所釀之蒸餾酒名曰干邑白蘭地（Cognac），此類酒之酒精純度均高於四十度以上，至若近年所出三十八度高粱酒，我是不喝的。

在二十世紀晚期我猶尚年輕的時代，威士忌無非紅、黑之別，約翰走路黑標（窖藏十二年之酒）或同級酒就是很高級的了。新世紀以後，威士忌講求單一麥芽威士忌（Single Malt），調和麥芽威士忌（Blended Malt）似乎漸漸落伍。部分酒友還要考究酒莊，尤有甚者則追求艾雷島的泥煤味。昔時干邑白蘭地豪華點的喝XO，手頭不寬裕時，喝喝VSOP，亦算得是上等人了。

01 紅酒是新世紀以後餐桌常見之酒品。02 白葡萄酒、紅葡萄酒和威士忌，是餐桌常見之飲酒三重奏。03 餐桌上普受喜愛的威士忌皇家禮砲。

新世紀以後則講究酒莊、年份，種種細節，令人目不暇給，外行人還真摸不著門徑。一九九〇年代因李登輝總統喜喝紅酒，一時風行草偃，官方和民間喝紅酒之風大盛，講究產區，講究年份，醒酒程序，杯壁水珠，酒杯良窳，各類評酒專家說得頭頭是道，各種紅酒專書隨處可見。我有許多好友是紅酒專家，什麼菜餚配什麼酒，餐前白葡萄酒，餐中紅酒，海產配威士忌，紅肉配干邑白蘭地，酒食搭配，種種講究，令人嘆為觀止。我喜歡和這些懂酒的朋友吃飯，他們帶來的酒往往甚愜我心。雖然我完全不懂酒食間的搭配，但酒友們好像能窺見我的內心世界，帶來的酒常常讓我千杯，千杯，再千杯。

好友蘇重是藏酒論壇編輯總監兼資深爵士樂評人，是品酒專家中的專家。有一回我問他天天這樣喝，身體怎麼受得了？蘇重笑我別傻了，酒杯搖一搖，眼睛瞧一瞧，倒進嘴裡，舌頭繞一繞，就吐掉了。我聽了嚇一跳，原來品酒師是不喝酒的。這麼貴的酒，喝進嘴裡繞一繞就吐掉，還真是暴殄天物。漢文化說酒是天之美祿，品酒師竟然將天之美祿吐掉，真是我這種寒士不能理解的事。尚幸一些喜歡品酒的友人是真喝，有一回到好友李清豐醫師家，酒櫃裡的酒多到要滿出來，還繼續買，令我羨慕不已。

另一位好友王永涼醫師，因喜喝貴腐酒，開了一家公司名曰甜酒王，專賣進口貴腐酒。

相較而言，葡萄乾釀的貴腐酒，一般價格比紅酒貴，涼涼哥愛喝貴腐酒，即因價格偏高，乾脆自己進口，摸蛤仔兼洗褲，一邊賣酒做生意，而且自己有酒喝。以賣酒為業的方信，不僅懂酒，且是重要的提琴收藏家。啤酒頭共同創辦人宋培弘，愛喝就算了，還成為釀酒師，啤酒頭所釀精品啤酒，得遍世界各重要啤酒大賽獎項。其中二十四節氣啤酒，得獎無數，因為酒標是我寫的，頗覺與有榮焉。寫酒標時未談價格，約定無限量供應我啤酒，可惜我基本上不太喝啤酒。啤酒頭自二〇一八年開始製作的年度酒，每年兩款，我以李白〈春夜宴桃李園序〉詞句取名，幾十種酒標殆已書寫完成，足供酒廠三十年之用，直用到我蒙主恩召，猶可繼續出廠新年度酒。二〇二二年國慶晚宴在臺北賓館舉行，啤酒頭二十四節氣啤酒和年度酒獲選為國宴酒。

吃飯喝酒是生活小樂趣，大部分時候我仍會選擇金門高粱，當然威士忌、干邑白蘭地亦不排斥。雖然我更愛金門大麯，但金門大麯現在價格過高，根本喝不起。一九八〇年代的原版圓大麯現在索價上萬，當年一瓶可只要兩百五十元哩！新世紀初，金門酒廠復刻圓大麯，索價兩千餘元，據云復刻版目前叫價五千元以上，還真是窮人的眼淚，於是我只好喝五八高粱，聊勝於無。

閻沁恆師父的喝酒五要訣，我多年來敬謹奉行，故爾一向不挑酒，來者不拒，大雜燴混喝。有人說混酒易醉，奇怪了，不就是來買醉的嗎？醉就醉，何懼之有。有人認為喝酒前先墊點肚子比較不容易醉，但真正的酒徒往往先喝酒再吃飯，酒比較香。據云吃了飯以後，酒就不香了。我的鼻舌身不夠靈敏，吃點兒菜再喝酒沒問題，但不會先吃飯再喝酒，而是喝完酒再吃飯。

因謹守師教，酒品甚佳，從不主動求戰，而且舉杯即乾，惡貫滿盈。杜維運老師生前稱我喝酒的架勢「窮兇極惡」，每思及與老杜公讌飲之樂，一股熱流從喉嚨到腸胃，整個人暖了起來。

01 偶爾喝點啤酒也不錯，這是我為啤酒頭寫酒標的「二十四節氣啤酒春分」，青梅口味。**02** 我對酒的品味不高，金門高粱是唯一心頭好。

卷二

客家歌

客家年菜，無瓜不封

客家阿婆無瓜不封，各有巧妙，搭配籠床做蒸菜，多菜同蒸，方便好食。

客家阿婆幾乎無瓜不封，舉其大要如冬瓜封、苦瓜封（苦瓜鑲肉）、刺瓜封、香瓜封、南瓜封，連小玉西瓜吃完了亦可以做西瓜封。

客家瓜封中，除冬瓜封用土砂鍋燉煮之外，苦瓜封、刺瓜封、香瓜封、南瓜封、西瓜封，都以籠床蒸，屬蒸菜類。蒸菜當然可以用電鍋，但我習慣用籠床，老覺著電鍋太溫吞，蒸出來的菜軟糯不帶勁兒，尤其蒸魚，好好的一條魚，電鍋一蒸就毀了。所以我建議喜歡煮食者，最好家裡準備幾種不同尺寸的籠床，做年菜時三層籠床出三道菜，或者蒸一條魚加兩道菜，可省幾多事。

籠床有固定尺寸，如蒸小籠包的四寸、七寸小籠床，蒸饅頭、包子的八寸、一尺籠床，如果喜歡吃魚，一尺三（四十公分）是基本尺寸，稍微大一點的魚往往超過三十五公分，一尺籠床是不夠的。如果用電鍋蒸，三十公分大概就到頂了。每每看到把魚切成兩三段蒸，老覺著沒啥意思。

新籠床買回來要先泡水半小時，上鍋空蒸十五分鐘，去除生竹味，以後即可正常使用。

做苦瓜封、刺瓜封、香瓜封、南瓜封這類分量不多的菜式，用八寸籠床即可，但我常選擇用一尺，主要是南瓜、香瓜有高度，八寸籠床高度略不足，而且寬度較大，做苦瓜封、刺瓜封、香瓜封時可以多擺幾個。苦瓜封、刺瓜封可切短一些，八寸籠床就夠用。

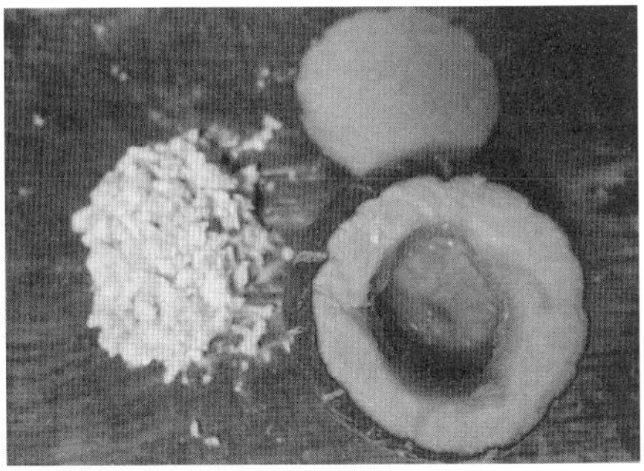
栗子南瓜封備料。

每次使用籠床前，記得泡水五至十分鐘，視使用頻率而定。如果同規格的籠床有三、四層，記得底層要固定，避免每層都燒焦。用一尺以上的籠床時，水槽略顯擁擠，我會直接將籠床放在浴缸泡水五分鐘，如果久不用，泡個十分鐘會更保險，否則接觸蒸鍋的籠床底部容易燒焦。但縱使先泡水，底層籠床仍會有焦痕，因此底層籠床是固定的，庶免每個籠床底部都燒焦。

冬瓜封是客家吃食，除了姆媽做的之外，在客家餐廳或其他類型的餐廳均未之見。其作法與東坡肉接近，主要是將肉塊

我習慣將冬瓜封的肉切好，方便食用，盤中墊肉的是高麗菜葉。

塞進冬瓜切段中。我做東坡肉或冬瓜封時，習慣加入雞腳數隻。加入雞腳係因某次在餐館用餐，廚師私下給了我幾隻雞腳，說是做東坡肉的獨家配方，雞腳的膠原蛋白可使肉塊油亮，賣相較佳。而雞腳吸收五花肉油質，軟嫩好吃。但餐廳一般不賣這個東西，僅私下送老客人吃。後來我做東坡肉或冬瓜封，每每添加雞腳以增色添味。

冬瓜切輪，厚薄依五花肉而定。我習慣用廚師刀去皮，再用金永利電木二號小魚刀加大中間的孔洞，以便塞進方塊五花肉。解凍雞腳，蒜切段，薑切片，方塊五花肉用井字結綁裹。起油鍋，下鍋煸，以鎖住湯汁，起鍋前加少許五香粉。砂鍋置水、醬油、冰糖、米酒、蒜段、滷包（如果不用滷包，可用當歸、紅棗、枸杞、蘋果）、五香粉，煎好的方肉塞進冬瓜裡，因方肉不一定與冬瓜孔洞完全密合，我會將冬瓜圈劃一刀，方便將方肉塞進孔洞。

五花肉煸好後塞進冬瓜圈，放進砂鍋，燉煮一小時，關火前下料酒。

取出冬瓜封置瓷盤中，鄉下人家剪開綁繩直接開吃，我覺得有點杯盤狼藉，我會待封肉稍冷卻後，用三號片肉刀（廚房常備之熟食刀）將肉切片，冬瓜亦同樣切片，做成冬瓜封三吃，即肉塊切片、紅燒冬瓜、滷雞腳，等於是三個菜上桌。

農家屋角常置冬瓜與黃瓠（南瓜），想係這兩種瓜耐放之故。印象裡只要不剖開，似乎可以放很久，至於放多久，我不曾仔細統計，總是地上鋪一層乾稻草，彷佛一年到頭都有冬瓜與黃瓠。客家吃食隨手取材，冬瓜封因而成為名菜，我好像沒有在其他菜系看過類似作法。

客家人煮黃瓠湯是很簡單的，不像我

01 用土鍋燉煮冬瓜封。02 東昇南瓜封。03 白玉苦瓜封；即外省菜系之苦瓜鑲肉。

後來在城市見到的南瓜濃湯，工序繁複，先蒸熟，打成泥，加牛奶和洋蔥燉煮。客家人煮黃瓠湯不刨皮，切大塊，不去籽，加薑片，加糖煮成甜湯，簡單又好食。做南瓜封亦不去皮，吾鄉花蓮壽豐乃栗子南瓜產地，栗子南瓜表皮墨綠，大小適中，是做南瓜封之好食材。另一品種東昇南瓜，表皮橙黃，亦是做南瓜封的好食材。南瓜剖蒂，取出瓜籽，鹹蛋、蘑菇用重刀剁末，將餡料塞滿南瓜中空的肚子，蓋回瓜蒂。蒸鍋水滾，籠床置南瓜封，蒸三十至四十分鐘，蓋南瓜不易熟故。

紅燒獅子頭是揚州菜，為江浙菜系常見之年菜，清蒸獅子頭則是江浙湯品，一菜兩吃。圍爐難免大魚大肉，用苦瓜封、刺瓜（胡瓜）封、香瓜封代替，略可稍減油膩。客家瓜封的內餡與獅子頭類近，即以豬絞肉加配料混合澱粉拍打成餡料，有謂獅子頭以牛絞肉為尚，常見者多為豬絞肉。

獅子頭與客家瓜封之配料豐儉由人，最簡單的是絞肉加鹽，薑用重刀剁末，加太白粉混合，捏適中大小，用力朝電鍋內鍋拍打，一方面擠出水分和空氣，另一方面則是打出韌性和遒勁（今語曰Q彈）。我因不喜太白粉，故以澱粉取代，如地瓜粉、玉米粉等。取適量絞肉，置大碗公中，老薑、胡蘿蔔（芋頭心）剁末，加米酒、食鹽、玉米（地瓜）澱粉，調和後加進豬絞肉，直接放入電鍋內鍋中拍打，使絞肉結棍遒勁。如果做獅子頭，需過油使其成形。做客家瓜封則塞滿瓜腹即可。

客家阿婆每到黃昏時，估惦著孫子要放學了，心裡點數著幾個孫子，到屋角拿幾顆香瓜，起大竈，架籠床，燒水蒸香瓜封。取幾顆香瓜，洗淨，切蒂，掏出瓜籽，瓜腹中空，塞好餡料，放進籠床，蒸二十到三十分鐘，小孫子放學，人手捧一個香瓜封，拿了湯匙舀著吃，餡鹹瓜甜，鹹鹹甜甜的滋味，食得小肚子圓鼓鼓。

苦瓜封、刺瓜封、香瓜封作法接近，絞肉餡料塞進瓜腹，用籠床蒸。白玉苦瓜不去皮切段，取出瓜囊，塞進餡料，外省菜名曰苦瓜鑲肉。香瓜不去皮，從蒂處橫剖，取出瓜囊，塞進餡料，蓋回瓜蒂。刺瓜去皮切段，取出瓜囊，塞進餡料。苦瓜、刺瓜、香瓜易熟，約蒸二十到三十分鐘，餡熟瓜亦熟。

客家阿婆無瓜不封，各有巧妙，搭配籠床做蒸菜，多菜同蒸，方便好食。除冬瓜封用砂鍋（甕形為佳，湯鍋亦可）外，南瓜封、苦瓜封、刺瓜封、香瓜封都用籠床蒸，可省許多事。闔家圍爐，掌勺者輕鬆做年菜，盍興乎來！

用煮食懷念姆媽的味道

想念姆媽左右開弓切菜的手路，空氣裡忽爾瀰漫著七櫞茶的味道。

廿二霜降，秋涼了。今天上課時，靠近山邊的教室，雨滴滴瀝瀝地落著。重訓完轉屋路上，偶然不經心裡想起姆媽，想念姆媽左右開弓切菜的手路，空氣裡忽爾瀰漫著七櫞茶的味道。

秋天是想念的季節，下課轉屋路上，忽爾姆媽的身影浮掠而過。壯碩的身量，臉如滿月，嘴角一逕兒笑著，露出深深的梨窩。我貌似姆媽，同樣有著壯碩的身材，笑的時候有一對深深的梨窩。想念姆媽，心裡決定做一餐姆媽味道的晚餐，腦子裡將家中的食材檢點一過，發現少了做客家茄子的七櫞茶，於是繞道木新市場。轉角屋亭有一菜攤，早上在市場賣，午後移到市場外擺攤。取一袋七櫞茶，抓把芹菜，帶一包杏鮑菇，轉屋洗手做羹湯。

我心裡準備煮的姆媽菜是黃瓠（南瓜）甜湯、客家茄子、白切雞、蒜香高麗菜，腦子裡

01 客家茄子、白切雞、蒜香高麗菜備料。02 黃瓠甜湯備料。03 客家茄子（七欉茶茄子、九層塔茄子）備料。04 客家茄子、白切雞、蒜香高麗菜、黃瓠（南瓜）甜湯，三菜一湯有媽媽的味道。

將煮食手順略事整理，開始動手。先在地上取一條黃瓠，用金永利剁刀對剖。姆媽是左手慣用者，並且左右開弓，左右手均可切菜，以及做一切農事，熟稔程度無別。印象裡佢的菜刀介乎剁刀和片肉刀之間，比片肉刀重，較正式剁刀略輕，一刀兩用。客家人做黃瓠湯不去籽，加赤砂糖煮甜湯。為爭取時間，砂鍋和鐵鍋同時煮水，我習慣剁刀和片肉刀分使，黃瓠肉硬，用剁刀剁開，半顆收進冰箱，半顆煮湯。不削皮不去籽，直接投入砂鍋滾水中，薑切片，蒜苗切長斜刀，一併入鍋，加點赤砂糖，轉小火燉煮。

取二號片肉刀，滾刀切茄子。茄子不易熟，一般炒茄子前須先炊（蒸）、煠或過油，過油口感最佳，茄皮紫亮豔麗，最為討喜。用炊容易過爛，下鍋一炒，軟綿綿，爛糊糊。平常做茄子我習慣切段，中剖，以維持厚實口感，並且過油，使茄子表皮紫亮好看。煠的火候較炊容易控制，略可維持口感。姆媽做茄子不過油，用煠。煠客話讀若灑（Sem），即外省菜之汆燙，用滾水煠至六、七分熟，取出備用。雖然茄皮較缺乏光澤。煠好茄子，取出，原鍋滾水用來煠雞肉。

今人做白切雞多有用去骨雞腿者，客家人做白切雞用帶骨雞塊。因學步姆媽味道之白切雞，我用四分之一隻帶骨雞塊，直接下鍋煠。煠雞肉時，我轉身拍蒜茸，切薑絲，切七橼茶，杏鮑菇切絲，用醬油、米酒頭、赤砂糖調紅燒醬。姆媽做菜少配色，肉歸肉，菜歸菜，極為素樸。我因讀研究所時，常陪老師們吃飯，歷史系多外省師長，館子常選川菜或江浙菜，故我做菜混合客家與外省菜，偶爾摻點兒福佬或原住民菜手路，配料較為繁複。晚餐因懷念姆媽的味道，配菜比平日素樸。本來姆媽炒高麗菜只用蒜茸，我多加添了杏鮑菇。昔時杏鮑菇採自田間，蕈傘較開展，今日市場所售，蕈傘甚小，不知是否品種不同。杏鮑菇客話名曰雞肉菇，惟不易遇到，姆媽偶或在田間採得，當作加菜。

煠好雞肉，取出，洗鍋，烘乾。轉中小火，起油鍋，下薑絲爆香，下茄子，用料理筷翻炒，拋鍋，下紅燒醬，下七欖茶，轉中大火，翻炒，拋鍋，下烏醋，起鍋。炒高麗菜以蒜茸爆香，下雞肉菇絲，炒香，下高麗菜，加水，大火爆炒。

蒜香高麗菜起鍋時，黃瓠甜湯已燉好。用金合利剁刀剁白切雞，倒客家桔醬。飯熟菜香，上桌，食一頓有姆媽味道的晚餐。

五月節，食粄粽

在我這個海陸客眼裡，最好吃的粽子當然是客家粄粽，沒有之一。

客家粄裡，我最心心念念的就是菜包、粄粽和糍粑，故鄉豐田村的國中、小同學都知我愛食粄粽；有的同學不會包，到粽店買一掛寄來；有的同學巧手巧腳（慶手慶腳，讀音如鏘手鏘腳，慶者，客話輕盈敏捷之意），親手做粄粽寄我，讓我這個日久他鄉變故鄉的遊子，食到故鄉的味道。我的故鄉豐田是客家庄，豐田三村居民多為客家人。

收到雪芬姊寄來的粄粽，一時間百感交集。

雪芬姊是紀伯伯的大女兒，我的童年玩伴。兩家隔著鐵枝路相望，紀伯伯是壽豐鄉自來水廠主任，住在辦公室旁的宿舍，在鐵枝路西邊。我家耕種，住在鐵枝路東邊，穿過鐵枝路就算過家，走路兩三分鐘。紀伯伯有五個女兒，老大雪芬、老二雪茜，名字還記得住，後面三個直接叫小三、小四、小五，好像從來沒叫過她們名字。

一九六〇到一九七〇年代的後山，不論公務員或耕種人家都窮，紀媽媽生了五個女兒，食指浩繁，必須打零工貼補家用。村子裡有一家做竹簍子的家庭工廠，竹簍子用來裝蔬菜或柑橘，方便運送到外地賣。紀媽媽到工廠拿了竹篾子在家裡編竹籃，鄉下名之曰打竹籃，一個兩塊錢，我們小孩子就幫她編（打）籃底，一個一毛錢。後來我和雪芬姊也請紀媽媽幫我們拿竹篾子回來做籃蓋，一個兩毛錢，並且繼續幫紀媽媽打籃底。打到吃飯時間，紀媽媽煮好飯，常常叫我一塊兒吃。我也不懂得客氣，洗好手端了碗就吃將起來。印象裡似乎很常在紀媽媽家吃飯，我飯量又大，老把電鍋裡的飯吃得鍋底朝天。

這麼熟的童年玩伴，說來有趣，雖然我和雪芬姊同屆，但自小學一年級到國中二年級，從來沒同班過，都是隔壁班。直到國中三年級最後一次編班，兩人才在同一個班級。記得國中時，男同學很調皮，給幾位漂亮女生取了綽號，名曰豆奶、米奶、牛奶，雪芬姊綽號牛奶。我開知識很晚，不覺得這三個女生真有什麼好看，直到很後來長大以後才發現，這三個女生還真是好看。同學們到現在仍叫雪芬姊紀大美女，想來有點道理。古人云，近水樓臺先得月，我和雪芬姊就隔著一條鐵枝路，那是很近水樓臺的了，可是完全沒感覺。如果不是她把我當作姊兒們，肯定就是我把她當哥兒們，這麼多年，什麼故事也沒寫成。發覺雪芬姊好看時，她已經和別人談戀愛結婚去了。

有一回國中同學黃瑞香說我說得很傳神，她講：「啊彭明輝就大憨牯，憨憨，同學手牽手去坐火車咧，佢還坐直石頭上看書，聽到火車母叭咧，拔腳要追火車，就赴不到車班咧！」姆媽也老說我蛇胚蛇胚，意指凡事慢吞吞，趕不上趟。

自來水廠辦公室旁種了一棵香椿，紀媽媽摘了嫩芽做香椿炒蛋、香椿拌豆干加花生、涼拌粉皮，想著想著，猶自齒頰留香。過兩天就是五月節，雪芬姊為我寄來客家粄粽和她自己包的鹹粽，晚餐蒸兩顆粄粽，一顆鹹粽，童年的滋味彷彿來到眼前。

雪芬姊五月節前捎來粄粽，童年的味道，一一來到眼前。

每年五月節前後，南北粽之爭就引燃戰火，南部人笑北部粽是包在竹葉裡的3D油飯，北部人笑南部粽白白的很噁心。我對這類鬥嘴沒興趣，難道我們後山人都不是人，吃的粽子不是粽子。後山因族群複雜，原住民、外省人、福佬人、客家人混居，粽子亦是南腔北調，有蒸有煮，還有用烤的阿美族竹筒飯，但我比較熟悉的是客家粽。姆媽做粄依傳統來，粄粽用月桃葉，鹹粽用桂竹箬，鹼粽用麻竹葉。我覺得南北粽好像沒有這些區別，北臺灣都用麻竹葉，要打開吃才知道是什麼粽。臺南好像肉粽、菜粽的葉子有別，亦有用月桃葉者，但我不是很了解其中的分野。

客家飲食文化與生活環境息息相關，什麼食材配什麼菜，什麼粄配什麼葉，有其深遠傳統。月桃葉包的粄粽總教我心心念念，採回來的月桃葉梗先削去三分之二，用滾水汆燙，包以前塗香蕉油才不會黏粄。餡裡有五花肉、蝦米、豆干、菜脯和香菇，辛香料則是基本的蔥薑和紅蔥頭。

苗栗客家鹹粽亦有用月桃葉包的，有些粄粽也用桂竹箬或麻竹葉。但我仍習慣姆媽做粄的條理分明，粄粽用月桃葉，鹹粽用桂竹箬，鹼粽用麻竹葉，鹼粽不加餡，蘸紅糖或赤砂糖吃。菜包用柚子葉襯底炊，蟻粄（福佬人名之曰草仔粿，用黃花鼠麴草做的）襯香蕉葉，紅粄（福佬人稱紅龜粿）和蟻粄一樣襯香蕉葉，故爾各種粄和粽的味道包含葉香在其中。但我在龍潭鍾延耀哥老宅看他們做蟻粄是墊月桃葉，好友林子夷媽媽包的蟻粄也是墊月桃葉，不知是否移民後山拓荒所改。

鹹蟻粄用菜脯絲（福佬人稱菜脯米），甜蟻粄不包餡，粄體加赤砂糖；福佬草仔粿有包紅豆和綠豆餡兒的，綠豆餡有鹹有甜。客家包餡的鹹蟻粄中間鼓起，不包餡的甜蟻粄是橢圓平板，外形一眼可辨。同樣是包餡兒，蟻粄包乾菜脯絲，菜包餡是生菜頭絲。

我寫的好像很複雜，但對客家人來說並不困難，蓋因客話條理分明，譬如稱動物不是只有公母雌雄，另有較細緻的說法。以雞為例，剛出生的小女雞叫雞雌仔，生過蛋沒孵過小雞的叫雞卵仔，孵過小雞叫雞嬤；小男雞叫雞牯仔，長大一點叫雞角仔，打過母雞的叫雞公；一般雞塒裡只有一隻雞公，其他的雞角仔會閹掉，因為閹雞才長得肥。類似的情形也可以用在貓狗身上，以狗而言，剛出生的小女狗叫狗雌仔，生過小狗叫狗嬤；處男狗叫狗牯仔，打過母狗的叫狗公。因著客家語彙的豐富性，臺灣的大河小說客籍作家占比甚高，諸如吳濁流、鍾肇政、李喬都是客家人。

在我這個海陸客眼裡，最好吃的粽子當然是客家粄粽，沒有之一。五月節，食粄粽，糯糯的粄，香香的餡，原來我心心念念著姆媽的味道。

收到國中同學陳勤美寄來的兩大串客家粄粽，好多呀！足足可以吃一個月。

勤美姊是我的國小加國中同學，二〇一八年六月九日壽豐國中第四屆畢業四十週年同學會，吳貴美做了蟻粄讓我們當點心，還做了糍粑當伴手禮，一百二十份糍粑想必要做很久。貴美知道我愛食糍粑，特別多送我兩份，我如獲至寶。同學會中還有其他同學提供的各式吃食，我意猶未足，開口問「有粄粽嚒？」旁邊的陳勤美和鍾玉琴馬上用客話回答，愛食不早講，於是吃名不脛而走。端午節雪芬姊寄粄粽來，這番是勤美姊親手包粄粽寄來。雪芬姊是外省妹，不會包客家粄粽，玉琴和勤美姊是客家妹，端午節包粄粽是年節之常。玉琴還開放親友訂購，貴美年節時也做點粄讓親友訂購。於是我發現我們這一屆好多總鋪師，不是開玩笑，真有人開小吃店的。

勤美姊有個妹妹陳秋菊，國小也同屆，所以我知道勤美姊大我一些，就像雪芬姊是前一年九月以後出生，學制上和第二年九月以前出生的同屆。小孩子很計較，大一點兒就欺負你要叫姊姊，叫就叫，反正又不吃虧。但我印象裡一直不曾和勤美姊同班，從小學到國中畢業，不論怎麼分班，都剛巧在隔壁班，倒是勤美姊的大哥魏正乾教過我。小學四年級下學期時，班導師侯九亭老師病逝，學校臨時找來阿炫叔的大兒子魏正乾代課，阿炫叔就是勤美姊的爸爸。侯九亭老師是外省人，師母村人稱之曰猴母，鄉下人就是這樣，算是一種親切吧！侯老師的小兒子侯明坤低我兩屆，小學五年級以後到榮工隊打少棒，後來打中華職棒，是早年三商虎的三壘手。中華職棒創立之初，花蓮選手幾乎撐起半邊天，尤其是兄弟象隊，村子裡的吳俊達就是兄弟隊中外野手。

魏正乾老師很年輕，壓根兒管不住我們這群小鬼頭，常常氣得說不出話來。我不是帶頭使壞的那個人，但總少不了搖旗吶喊，那半學期我們班可吃了不少藤條，四年乙班在學校難免惡名昭彰。但後來大家好像忘了這事，同學會時劉劍文說：「當時班上的三劍客是彭成洲、我和彭明輝，彭成洲永遠第一名，彭明輝第二，我第三。」劉劍文後來念空軍官校，當了飛行員，退役後擔任遠航機長。彭成洲開珠寶店，其公子高中時和博兒同班。鄉下就是這樣，你兒子和他兒子打我兒子，我堂哥娶你姊姊，他表妹嫁你哥哥。

勤美姊在同學中功課中上，不是特別好，總是笑咪咪的，人緣很好。爸爸阿炫叔在許錦龍的碾米廠工作，我稍大一些幫家裡載穀子去碾米時，就是拜託阿炫叔。有時家裡的穀子交給農會還有剩，父親駛牛車載去碾米廠賣，都是阿炫叔料理。阿炫叔很勤快，勤美姊大概遺傳了阿炫叔的特質，煮食、做粄手腳很麻利。

因為寄的是冷凍包裹，我收到後立馬分裝，兩顆粄粽一袋，放進冰箱冷凍室，吃的時候一次取一袋，限制自己只能吃兩顆。愛吃無藥醫，收到當天晚上，二話不說，馬上蒸兩顆粄粽解饞。

味蕾的記憶從母親開始，勤美姊的粄粽，比姆媽包的小一些，可能是因應現代人吃食之故。傳統客家粄粽用月桃葉裹，勤美姊寄來的粄粽用兩層葉子，外層麻竹葉，內層香蕉葉，香蕉葉用滾水加油汆燙過，才不會黏粄。餡裡有瘦肉、蝦米、豆干、菜脯和香菇，因為刀工太細，看了老久才注意到有豆干。辛香料則是基本的蔥薑蒜和紅蔥頭。

勤美姊的粄粽口味極接近昔時姆媽所包，與味蕾的記憶若合符節。略微不同者有二：一是姆媽用月桃葉裹，勤美姊用麻竹葉加香蕉葉，各有風味，都以植物的葉子添香。二是加了香菇，印象裡姆媽包粽子不加香菇，我不確定是因為家裡窮，或者客家粽本來就不加香菇，可能要客家伯母級的長輩來為我釋疑了。

承蒙勤美姊親手包的粄粽，甜不甜故鄉水，香不香客家粽，心頭感覺暖暖的。

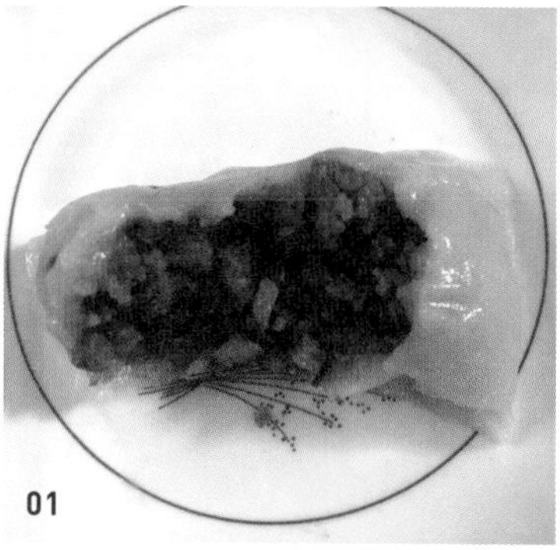

01 小學同學陳勤美包的客家粄粽。**02** 好友林子夷媽媽的客家鹹粽用桂竹箬包，從粽葉到內餡均遵循客家傳統。**03** 好友林子夷媽媽包的蟻粄墊月桃葉。

鳳梨炒豬肺

酸酸甜甜的鳳梨炒豬肺，想起遠行已二十七載的姆媽。

忽然想起姆媽，臉如滿月，身軀壯碩，臉上一逕兒笑著。腦海裡浮現酸酸甜甜的鳳梨炒豬肺，想念遠行已二十七載的姆媽。

孩提時難養，總要姆媽把我夾在雙腿間才肯睡覺。直到小學五年級我長得太大隻，夾不住了，才在大通鋪前另外買了小床，讓我單獨睡。

偶然想吃鳳梨炒豬肺，買不到豬肺，做鳳梨木耳炒雞柳，聊勝於無。

鳳梨切片，雞胸肉切條，以全蛋液、米酒、醬油醃漬，川耳用溫水發開，切絲，薑切絲，大紅辣椒斜切，備好鳳梨木耳炒雞柳的料。

鳳梨木耳炒雞柳源於鳳梨炒豬肺，蓋有人不吃豬肺，於是以雞胸肉取代。起油鍋，轉中小火，炒雞柳，取出備用。鍋底油薑絲、辣椒爆香，下川耳、鳳梨，炒五六分熟，下雞柳，些許糯米醋，一小匙糖，少許鹽，大火翻炒，地瓜粉加水勾芡。熗烏醋，起鍋。

心心念念著鳳梨炒豬肺，泅完水，踅到木新市場邊的水果攤買了鳳梨，準備做一道姆媽的手路菜鳳梨炒豬肺。入夏以後，鳳梨大出，日常宜以時蔬入菜，體先人物我合一之境。鳳梨苦瓜雞，鳳梨炒雞柳，鳳梨炒肉片，想著酸酸甜甜的滋味，彷若初戀。客家菜常用平價食材，如薑絲大腸，鳳梨炒豬肺；大腸和豬肺乃豬內臟，殆屬賤食，有些人嫌髒，為了身體健康，鮮少食用，卻是客家名菜。起初到肉攤買豬肺，幾番往返皆不果得。

有一回立誓一定要買到豬肺，起了個大早，趕到肉攤，老闆說豬肺一早就被小吃店買走了。因為豬肺便宜，幾個豬肉攤老早就被小吃店預訂，壓根兒買不到。肉攤主人說，你去小吃店問問，也許會有。我到市場的一家小吃店點了客家湯粄條，加點一份炒豬肺，順口問有沒有豬肺可以賣？老闆說要一個嗎？我說是。於是輕易取得一個已經灌過水，清理乾淨，汆燙好的豬肺，索價七十元，心中大喜。清理豬肺要先灌水，極其費工，自從知道可以在小吃店買到豬肺，而且不用自己灌水，從此做鳳梨炒豬肺就輕鬆多了。將豬肺切成三份，一份放冷藏，兩份放冷凍，可以做三次鳳梨炒豬肺。

從冷凍櫃取出豬肺，解凍一分鐘，切片備用。削好皮的鳳梨一個八十元，切片，一部分入菜，剩下的當水果。上週買的川耳以溫水發開，切絲，豬肺切片，薑切絲，大紅辣椒斜切，些許地瓜粉加水備勾芡之用。

起油鍋，轉中小火，薑絲、大紅辣椒爆香，加水，鳳梨、木耳、豬肺，依序下鍋，食鹽、赤砂糖、糯米醋，適量撒落。轉大火，爆炒，翻兩次鍋，倒入地瓜粉水勾芡，熗米酒頭，起鍋。

酸酸甜甜的鳳梨炒豬肺，想起遠行已二十七載的姆媽。姆媽遠行之年，我剛取得博士學位，乞食講堂。歲月忽已晚，臉如滿月的姆媽，臉上猶自一逕兒笑著。

01 鳳梨炒豬肺。02 鳳梨炒雞柳。03 鳳梨炒肉片。

芥菜三吃

一棵大芥菜，三天各做一道菜，呈顯餐桌上的飲食文化融合。

冬天是芥菜的季節，二〇二三年農曆春節到得早，新曆一月就過年，農曆閏二月，癸卯雙立春。農曆年前芥菜遲遲上市，春節後方始大出，便宜又好。福佬人稱芥菜曰刈菜，客家人稱芥菜為覆（音瀑）菜，又名冬菜，顧名思義就是冬天的菜。

晚冬稻收成以後，父親會犁兩畦田，翻了新土，供姆媽種菜，以備過年之用。晚冬稻和早冬稻蒔田之間有一個多月，中間是過年，足供蔬菜生長之用，姆媽一般會種白蘿蔔、覆菜和高麗菜，而以白蘿蔔和覆菜為主。白蘿蔔除生煮之外，可供醃水菜頭，曬菜脯、菜脯絲；覆菜是年節的長年菜，煮番薯覆菜湯，做水鹹菜，曬鹹菜、鹹菜乾。鹹菜即一般稱的福菜，客家館子吃的福菜肉片湯或福菜排骨湯，即這種半濕不乾的鹹菜所煮，一般裝在玻璃空酒瓶裡；鹹菜乾即梅干菜，脫水曬乾後，直接用鹹菜乾葉綁成結，一團一團方便收藏，做梅干扣肉用的就是這種鹹菜乾；客家人用乾濕之別，名之曰水鹹菜、鹹菜、鹹菜乾，簡單明瞭。

客家人冬下所製菜頭和覆菜醃漬食材，可供整年之用。因客家族群多歷遷徙，醃漬乾脯，方便攜帶。有些菜脯放置床鋪靠牆深處，年深日久，姆媽或阿婆忘記拿出來吃，放成黑色老菜脯。三、四十年的老菜脯，是窮人家之人參，流傳開來以後，現在價格金貴。用老中青菜脯混搭燉煮雞湯，是人間美味。

芥菜是臺灣常見食材，各族群有不同料理。以煮湯而言，客家喜加番薯或南瓜煮湯，用甜食材去芥菜之苦；臺菜煮刈菜雞湯多加蛤蜊。長年菜則是福佬與客家共有的菜餚，客家人用煠雞鴨的湯汁和筍干滷一大鍋，整個過年期間隨時舀了吃。

春節前到木新傳統市場採買，各菜攤均見翠綠大芥菜，壯碩肥美，令人垂涎欲滴，於是挑了一棵中大尺寸的芥菜，備年節之用。

這麼碩大的芥菜裝不進冰箱，鋪了練完字的書畫紙，直接擱在地上，心裡想著要煮一鍋番薯覆菜雞湯。

客家覆菜湯常見者有二，雞湯與排骨湯；另一種則以番薯或南瓜為底，煮純粹的覆菜番薯（南瓜）湯，亦可加帶骨雞塊煮成番薯覆菜雞湯，或番薯覆菜排骨湯。年前林富士的侄女送來自家在臺西養殖文蛤，心念一動，乾脆做一道番薯覆菜雞湯加文蛤，結合福佬與客家菜式，再加一小截豬手，來個飲食文化大融合。

有一回到某著名江浙館子吃飯，這家館子的金華火腿燉雞湯名滿天下，包心白菜還得另加錢。我瞥見廚房邊上放了幾個大鍋在煮豬皮，始知這家館子的高湯乃豬皮所熬，而非習見之大骨高湯。後來我煮雞湯時，有樣學樣，偶爾會加豬皮，添增雞湯的膠原蛋白。改成豬手是乾妹陳淑蘭所教，淑蘭認為加豬皮效果佳，加豬手豈不更添香。煮食是非常奇妙的事，在食譜之外常有些個人的一得之餘，受惠者允宜長記於心。不放豬手改用雞腳也是可以的，有一回到友人開的江浙館子吃飯，席間友人拿了幾隻雞腳給我，說是燉東坡肉的配料，可以增加膠原蛋白，使東坡肉看起來更油亮。後來我做東坡肉或客家冬瓜封時如法炮製，果然黏牙。臺灣俗諺云「吃果子拜樹頭」，學習煮食過程中的點點滴滴，我都銘感於心。後來我燉湯品時，有時亦加入雞腳取代豬手，以增加膠原蛋白。故爾冷凍櫃隨時有豬手和雞腳，以備不時之需。

番薯去皮切塊，覆菜取莖，切大塊；雞塊帶骨，豬手切小塊。土鍋煮水，鐵鍋起油鍋，倒入麻油，加上薑片，雞塊和豬手入鍋略炒，至變色，移入水已滾開之土鍋，投入蔥結和大蒜，加調味料，轉小火燉煮三十分鐘。加入番薯塊，煮十分鐘，下覆菜，五分鐘，熗料酒，關火，一鍋結合客家、臺菜、外省菜的覆菜番薯雞湯，香噴噴上桌。

客家菜有麻油炒覆菜，乃莖與葉同炒。某次在江浙館子見師傅做的素菜中有炒芥菜，用的是莖部，看起來像芥菜炒干貝，可干貝是葷菜，應該不可能。反正有樣學樣，沒樣自己想，做一道瑤柱芥菜，蓋干貝捻開成細條，名曰瑤柱故也。芥菜莖切大塊，取三顆蒸好的干貝捏碎備用（干貝不易熟，平常我會將買回來的干貝，預先蒸二十顆置冷凍櫃備用，方便做各式干貝料理），大蒜拍碎切丁，小辣椒切圈，大紅椒斜刀切（不喜辣者可不加）。芥菜汆燙，斷生去苦（我加了一點兒冰糖，一則去苦，二則添潤），約三到五分鐘，因芥菜莖部肉厚，可視個人脆軟喜好設定時間，汆燙好備用。起油鍋，轉中小火，大蒜、辣椒爆香，加水，下調味料，下汆燙好的芥菜，下干貝，轉大火爆炒。約炒三分鐘，翻鍋兩次，勾一點兒薄芡（我用的是地瓜粉，這部分因人而異，太白粉、玉米粉、蓮藕粉皆可），熗紹興酒，起鍋。

雪裡蕻（雪裡紅）是家常菜餚，食材、作法各有巧妙。市售常見之雪裡蕻以小松菜（小油菜）為多，臺灣南部多用白蘿蔔苗，亦有用胡蘿蔔苗者；外省菜系多用小松菜和青江菜，客家人多用小芥菜和大芥菜，基本上大部分綠色蔬菜均可醃製雪裡蕻。一般做雪裡蕻有兩種

01-02 左圖為製作瑤柱芥菜的備料，右圖是成品。**03-04** 左圖為雪菜百頁的備料，右圖是成品。**05** 番薯覆菜雞湯。

方式，一種是先醃再切，一種是先切再醃。市售雪裡蕻以先醃再切為多，平常在家裡的簡易作法則是先切再醃。除了蘿蔔苗之外，簡易雪裡蕻作法，是先將葉菜切長條，再改刀切末，置保鮮盒或塑膠袋中，加適量食鹽，搖晃幾下，醃二、三十分鐘脫水，擠乾水分即完成。我做雪裡蕻常係臨時起意，備料時先切雪裡蕻醃製，再備其他料，等備料告一段落，雪裡蕻已經醃好，擠乾水分即可備用。

我取莖煮湯，剩餘的芥菜葉切成長條，改刀切末，置保鮮盒中醃二十分鐘，取出，擠乾水分。從冷凍櫃取出百頁結，做一道雪菜百頁。大蒜切丁，小辣椒切圈。起油鍋，轉中小火，大蒜、辣椒爆香，加水，下調味料，下雪裡蕻、百頁結，轉大火爆炒。炒三、五分鐘，小拋鍋兩次，因靠向外省菜系，故爾熗紹興酒，起鍋。

芥菜三吃，三分天下，番薯覆菜雞湯以客家菜式為主，加入臺菜的蛤蜊，以及江浙菜的豬手，嘗試多重飲食文化融合。芥菜炒干貝屬江浙菜系，雪菜百頁為外省菜系，客家手路醃製。一棵大芥菜，三天各做一道菜，呈顯餐桌上的飲食文化融合。

苦瓜的滋味

舉凡鹹蛋苦瓜、苦瓜封、鳳梨苦瓜雞，均為日常餐桌常見菜式。

苦瓜是一種奇妙的食物，喜歡的愛到深處無怨尤，不喜歡的避之唯恐不及。類似的情形還有芫荽，有人愛之入骨，有人看到芫荽就捏著鼻子，怕聞到氣味噁心想吐。漢字臭即香，故爾海邊有逐臭之夫，芫荽宜為最佳寫照。

十五歲以前我和苦瓜是不講話的，老屋禾埕前的菜園裡，恆常有一壟瓜棚，種著菜瓜、苦瓜、刺瓜；菜園外的地上則爬著黃瓠（南瓜）和冬瓜藤，黃瓠和冬瓜不攀高，瓜棚的竹架上不去，只能在地上四界踜。對客家人而言，苦瓜屬日常蔬果，我卻是從小和苦瓜不說話，直到十五歲國中二年級。

一九七三年春天就讀國中二年級時，學校安排了三天兩夜的露營活動。彼時國中有童子軍課程，學校有專任的童軍教師。每個學生都要上童軍課，敬禮時是伸三根手指頭的童軍禮，我想同年代的人應該都還留有印象，行五指軍禮是高中和服兵役以後的事。我就讀的壽豐國中，每年會安排全體二年級同學到荖溪旁的平和國中營地露營。露營三餐要自炊自煮，用鵝卵石砌了竈，撿拾樹枝當柴火。晚餐時我做了簡單的炒茄子，也不知道有沒有熟。同學許茂琳帶了苦瓜清炒，而非後來常吃的鹹蛋苦瓜。小組七人胡亂煮幾個菜，燒一鍋飯，就吃將起來。因為菜式少，每個菜都囫圇吞棗，這是我第一次吃苦瓜。沒想到從小不和苦瓜說話的我，竟然因為一次露營活動而愛上苦瓜。

二〇〇二年我膺陳銘磻兄之請撰寫旅行文學《來去鯉魚尾》和《豐田和風情》，回到故鄉豐田做田野，四叔家的大堂哥彭榮華帶我踏尋壽工廠舊址（鹽水港糖業株式會社位於今日壽豐的糖廠），中午請我在豐田中興路與臺九縣十字路口的客家館子吃飯，剛巧許茂琳穿著慢壘球衣走進來（一九九〇年代到新世紀初，臺灣盛行史努皮慢速壘球），我喊了一聲「七號許茂琳」，兩個人幾乎同時驚問「你怎麼來這裡」。榮華哥問我剛喊什麼？我說「七號許茂琳」。堂哥啞然不知所對，我說：「小學六年級的時候，許茂琳座號是七號。」我想我腦子大概就是因為記太多這些沒有用的東西，才會一事無成。

自從和苦瓜說得上話以後，竟然愛上苦瓜，舉凡鹹蛋苦瓜、苦瓜封、鳳梨苦瓜雞，均為日常餐桌常見菜式。

鳳梨苦瓜雞是臺灣飲食常見之物，福佬和客家均有此菜，作法略有不同。福佬菜做鳳梨苦瓜雞以醃鳳梨入菜，客家鳳梨苦瓜雞有兩式，一用醃鳳梨，一用生鳳梨。

鳳梨苦瓜雞常見食譜為苦瓜切片、帶骨雞塊加醃鳳梨，一鍋煮卻了事。我喜用生鳳梨做鳳梨苦瓜雞，而少用醃鳳梨。鳳梨一顆切大丁，裝保鮮盒，當水果吃，取四分之一顆做鳳梨苦瓜雞。半條苦瓜切片，苦瓜籽去皮備用。因苦瓜籽香氣十足，煮湯或做鹹蛋（金沙）苦瓜時放入，香氣滿溢。苦瓜切條後，用斜刀向內片開，取其薄，煮湯易入味而不苦。一般媽媽煮習慣正刀切輪條，或可試試內斜刀，口感差很多。帶骨雞塊適量，加兩隻雞腳，取其膠原蛋白。家裡有黃米豆醬，順手舀兩湯匙，不假外求。如果沒有黃米豆醬，豆瓣醬也可以，喜歡吃辣的用辣豆瓣醬，不喜辣者用一般豆瓣醬。其實醃鳳梨全名鳳梨豆瓣醬，即鳳梨切片和豆瓣醬一起醃。我覺得用生鳳梨比較香，另加黃米豆醬，意思是一樣的。

可能是個人習慣，做鳳梨苦瓜雞我喜用白玉苦瓜，綠苦瓜感覺有點兒不對路。當然每個人煮食各有其癖，亦有愛用綠苦瓜做鳳梨苦瓜雞者，非可一概而論。

薑切片，蔥打結，大蒜拍碎去皮，土鍋煮水，鐵鍋起油鍋，薑片爆香，加點兒胡麻油炒雞塊，炒至雞塊呈白色，移入生鐵鍋燉煮，蔥蒜一併。倒入黃米豆醬，加少許鹽，燉煮二十分鐘，下生鳳梨，鋪上包心白菜（選項），再燉煮二十分鐘，下料酒，關火。

以醃鳳梨做鳳梨苦瓜雞程序類同，僅在倒入黃米豆醬這個環節加入醃鳳梨，其他前後步驟照章辦理。

苦瓜湯品非止於鳳梨苦瓜雞，客家菜亦有苦瓜排骨湯、苦瓜小魚干湯、苦瓜小魚干排骨湯。這三種湯品作法與鳳梨苦瓜雞相似，其別在於是否加醃鳳梨，或生鳳梨加黃米豆醬。

鹹蛋苦瓜是客家菜，但現在許多餐館亦有此菜，臺菜、外省菜餐館均常見其身影。做鹹蛋苦瓜可用白玉苦瓜或綠苦瓜，藝人藍心湄開的餐館即用綠苦瓜，一般餐館以白玉苦瓜較常見。

我做鹹苦瓜略有分別，即以白玉苦瓜和綠苦瓜為食材，刀工和流程會有點兒差異。白玉苦瓜因為肉厚，對剖，直刀切成三到四條，改用斜刀向內片開，取其薄，比較不苦。白玉苦瓜的前置作業，我會採過油方式處理，將湯汁封在苦瓜肉裡，比較潤而不柴，口感綿密。綠苦瓜肉比較薄，直刀對剖後，再對切成兩長條，正刀切成薄輪片。用綠苦瓜我會採用汆燙（過水），口感比較爽脆。

01 鳳梨苦瓜雞。02 金沙苦瓜。03 一般媽媽煮苦瓜習慣正刀切輪條，或可試試內斜刀，口感差很多。

鹹蛋苦瓜在切鹹蛋時有不同手路，將蛋白、蛋黃混切小丁下鍋炒香，再下汆燙過或過好油之苦瓜，即為鹹蛋苦瓜。另一種是蛋黃、蛋白分切，而且是剁成末。

切好苦瓜，先過油或過水備用。薑切絲，蔥切段，小辣椒切圈，大紅椒斜切（選項，不喜辣者可不加辣椒）。起油鍋，轉小火，薑絲、蔥白、辣椒爆香，加水，將蛋白、蛋黃分別剁成末泥，先炒蛋白，下汆燙過或過好油之苦瓜，再炒蛋黃，蛋黃裹在苦瓜上，即為金沙苦瓜。亦有人買現成蛋黃，爆香後先炒苦瓜，再下蛋黃。我自己喜歡用鹹蛋，可以不必加鹽，各有巧妙。小拋鍋兩回，下蔥綠，熗米酒頭，起鍋。

鹹蛋苦瓜省卻先下蛋白，次下苦瓜，再下

蛋黃的程序，直接先炒鹹蛋，其餘步驟與金沙苦瓜相類。

客家菜的苦瓜封，外省菜名曰苦瓜鑲肉。苦瓜封、香瓜封和南瓜封的餡與獅子頭相類，即以豬絞肉加配料混合澱粉拍打成餡料。有謂獅子頭以牛絞肉為尚，常見者多為豬絞肉。紅燒獅子頭是揚州菜，為江浙菜系常見之年菜，清蒸獅子頭則是江浙湯品，一菜兩吃。客家菜的苦瓜封、刺瓜（胡瓜）封、香瓜封則清爽除膩。

獅子頭與客家瓜封之配料豐儉由人，最簡單的是絞肉加鹽，薑用重刀剁末，加太白粉混合，捏適中大小，用力朝電鍋內鍋拍打，一方面擠出水分和空氣，另一方面則是打出韌性和遒勁（今語曰Q彈）。我因不喜太白粉，故以澱粉取代，如地瓜粉、玉米粉等。取適量絞肉，置大碗公中，老薑、胡蘿蔔（芋頭心）剁末，加米酒、食鹽、玉米（地瓜）澱粉，調和後加進豬絞肉，直接用電鍋內鍋拍打，使絞肉結棍遒勁。如果做獅子頭，需過油使其成形。做客家瓜封則塞滿瓜腹即可。苦瓜切段，去籽備用，塞入拍打完竣之絞肉。待諸事齊備，放入籠床蒸。

每次使用籠床前，記得泡水五至十分鐘，視使用頻率而定。如果同規格的籠床有三、四層，記得底層要固定，避免每層都燒焦。如果久不用，泡個十分鐘會更保險，否則接觸蒸鍋的籠床底部容易燒焦。但縱使先泡水，底層籠床仍會有焦痕，因此底層籠床是固定的，庶免每個籠床底部都燒焦。蒸鍋水滾，籠床置苦瓜封，蒸二十至二十五分鐘，關火。

如果鳳梨苦瓜雞、鹹蛋苦瓜和苦瓜封仍不能讓你親近苦瓜，不妨試試紅燒苦瓜。苦瓜中剖，去籽，切大塊，籽留下與苦瓜同炒。起油鍋，加水，清炒苦瓜片，轉中大火，炒至苦瓜斷生、取出備用。薑切絲，蔥切段，小辣椒切圈，大紅椒斜切（選項，不喜辣者可不加辣椒）。起油鍋，轉小火，薑絲、蔥白、辣椒爆香，加水，下紅燒醬（糖、料酒、雙色醬油），下苦瓜，翻炒後移入燉鍋，燉煮十到十五分鐘，熗起鍋醋，關火。一般不吃苦瓜者，紅燒苦瓜或許是解方。

梅干菜燒苦瓜作法與梅干扣肉相類，只是將五花肉換成苦瓜，以及不進籠床蒸，亦不倒扣。梅干菜泡水，切段備用；苦瓜中剖，去籽，切大塊，籽留下與苦瓜同炒，炒至苦瓜斷生，置盤中備用。起油鍋，蒜頭爆香，下紅燒醬，下鹹菜乾，加水，轉大火爆炒，加入炒好的苦瓜，翻炒後移入燉鍋，燉煮十到十五分鐘，熗起鍋醋，關火。

豆豉燒苦瓜作法與梅干菜燒苦瓜相似，惟將鹹菜乾換成豆豉即可。

滷山苦瓜與紅燒苦瓜作法類似，苦瓜洗淨瀝乾備用。薑切絲，蔥切段，小辣椒切圈，大紅椒斜切（選項，不喜辣者可不加辣椒）。起油鍋，加水，下山苦瓜，轉中小火慢煎，拋鍋讓各面均勻受熱上色，將苦瓜煎至微焦，取出備用。起油鍋，轉中小火，薑絲、蔥白、辣椒爆香，加水，下紅燒醬（糖、料酒、雙色醬油），下山苦瓜，翻炒後移入燉鍋，燜煮三十至四十五分鐘，關火。不使用燉鍋亦可，將前置作業完成之山苦瓜移入電鍋內鍋，外鍋加兩杯水，煮四十五分鐘至一小時。

苦瓜人人會煮，各有巧妙不同。煮苦瓜湯、炒鹹蛋苦瓜、蒸苦瓜封，做紅燒苦瓜、滷山苦瓜，儀態萬千，風姿綽約，總有一種打動你的心。

三隻竹籠床，做一頓晚餐

籠床買回來後，我照章辦理，完成開鍋（籠）程序，從此做蒸菜不用愁。

霜降時節，翁秀琪老師於臉書貼文敘述她用籠床蒸包子，看得我食指大動，心癢難搔。我對包子興趣不高，心裡想的是客家菜包。買得竹籠床，就可以來做菜包了。於是短訊秀琪老師，詢問籠床哪兒買的。秀琪老師說是住家附近的五金雜貨店，我知道這家店，就在我往返學校的路上。次日下課轉屋路上，停車，買得兩組竹籠床，各三個，加一層籠床蓋。一組八寸，一組一尺，八寸適合蒸包子、小籠包，一尺可做各式蒸食，使用上變化較多。

二〇一九年春天，買了一隻四十二公分的阿媽牌鐵鍋當蒸鍋，源於想學做客家菜包和粄粽，得有大籠床。我原本的鐵鍋太小，架不了四十公分的籠床。春去秋來，從年初到年底，終於下定決心去買兩隻四十公分的籠床。除了做粄之外，有一部分原因是為了蒸魚，一般中型魚身長常超過三十公分，一尺的籠床塞不進去，我又不喜歡切段或剪尾，老覺得那樣有點焚琴煮鶴，我喜歡整條整齊的魚，清蒸或乾煎都一樣。

友人介紹臺北市桂林路一家專做各類食具的傳統竹器行，於是驅車前往，果然找到適用的籠床。老闆說沒有四十公分的，只有三十九公分的（一尺三），問我鍋子多大，我說四十二公分，老闆說那就用三十九公分這款，老闆細心地教我如何開鍋，先泡水十五分鐘，空蒸十分鐘，將生竹的味道去除，即可開始使用。以後每次使用前先泡水三到五分鐘，避免與鍋面接觸部分燒焦。籠床買回來後，我照章辦理，完成開鍋（籠）程序，從此做蒸菜不用愁。

週末午後，冬陽燦燦，到學校健身房練微量重訓，加騎二十分鐘飛輪，做完例行運動日課。轉屋，想著用籠床做幾樣簡單吃食當晚餐，再煮一鍋覆菜番薯湯加帶骨雞塊。

冰箱冷凍櫃還剩一條中型午魚，一尺籠床裝不下，正好用來試新買的大籠床。腦子浮現黃金三色蛋的身影，冰箱有鹹蛋、皮蛋，雞蛋本屬常備，食材現成；再加一道清蒸高麗菜，三菜一湯亦就很豐盛了。

一般雜糧行所售破布子多為罐裝，一顆顆泡在鹽水裡。好友林彧送我的破布子餅，是我比較喜歡的。南投人日常煎破布子餅當零嘴吃，亦用以煎蛋、蒸魚。林彧送的破布子餅吃完後，偶然在木新市場買到過一次，胡慧玲姊送過我幾片，後來就沒有再看到了。因為不太買得到，省省著用。

番薯去皮切塊，覆菜取莖，切大塊；雞塊帶骨，豬手切小塊。土鍋煮水，鐵鍋起油鍋，倒入麻油，加上薑片，雞塊和豬手入鍋略炒，至變色，移入水已滾開之土鍋，投入蔥結和大蒜，加調味料，轉小火燉煮三十分鐘。加入番薯塊，煮十分鐘，下覆菜，燉煮五分鐘，加芹菜珠帶香，熗米酒頭，關火。

從冷凍庫取出日前買的午魚，退冰，用鹽和米酒頭醃一下。薑切絲，蔥切段，敲開友人送的破布子餅，加幾片月桂葉，完成蒸魚備料。

黃金三色蛋二三四是常規（人少做一二三亦可），即鹹蛋、皮蛋、生蛋比例為二比三比四，因三色蛋可當涼菜，做好了切塊放冰箱，吃的時候很方便，做大份些不要緊。每顆鹹蛋和皮蛋切八塊，平均分散置於深盤中，生蛋兩顆直接打散，另兩顆蛋黃單獨置碗中，蛋白倒進兩顆全蛋之碗。兩顆全蛋和兩顆蛋白打好，倒進放置鹹蛋和皮蛋之瓷盤。

剁幾片高麗菜菜葉，手撕，大小如炒。胡蘿蔔切絲，拍兩顆蒜頭，置塑膠袋中，加一小匙鹽。塑膠袋鼓氣搖晃，如醃雪裡蕻然，靜置十分鐘，不脫水。

備料時將籠床泡水，因為用一尺三的籠床，我直接將籠床放在浴缸泡水。使用竹籠床前，必須先泡水三、五分鐘，如果久不用，泡個十分鐘會更保險，否則接觸蒸鍋的籠床底部容易燒焦。但縱使先泡水，底層籠床仍會有焦痕，因此底層籠床是固定的，庶免每個籠床都燒焦。

阿媽牌鐵鍋先燒水，水滾，底層置魚；中層放三色蛋，先蒸鹹蛋、皮蛋、兩顆全蛋和兩顆蛋白，約十分鐘，待其固化後，淋上兩顆蛋黃，即可蒸出黃金三色蛋，看起來賣相好些。

黃金三色蛋淋上蛋黃時，高麗菜亦備料完成，置瓷盤中，加一隻籠床，清蒸高麗菜，蒸十分鐘。高麗菜蒸好時，三色蛋亦已完成，籠床一併取下。

三隻一尺籠床置於蒸鍋上。

魚和黃金三色蛋同時蒸，蒸二十分鐘，同時完成。魚蒸好後，將蒸魚湯汁倒入碗中，加入料酒、糖、白胡椒粉（依個人喜好選擇）、深淺二色醬油，起油鍋，油略多，油滾，倒入醬汁，滾開。蒸魚留盤中，鋪上蔥絲和大紅椒絲，淋上醬汁，上桌。

晚餐蒸菜一鍋端，不須動鍋鏟。清蒸午

魚、黃金三色蛋、清蒸高麗菜、覆菜番薯雞湯，三菜一湯，符合海陸空、動植物之基本菜式。邁向人生冬之旅，吃好睡飽是真理，哪管得體重增幾許。

01 清蒸午魚。02 黃金三色蛋。03 覆菜番薯雞湯。

長輩贈食材，做梅干扣肉

梅干扣肉滿滿陽光的味道，我彷彿看到客家阿婆佝僂著身子，在偌大的禾埕上翻曬著鹹菜乾。

舊曆年前，藝術圖書公司發行人何恭上前輩請公司業務送來好物，何公子做的揚州獅子頭與兩樣客家食材，鹹菜乾和三十年老菜脯。

初識何恭上前輩是一次很偶然的機緣，二〇一三年洪範書店葉步榮哥和出版界前輩們相約在木柵野山土雞園吃飯，包括藝術圖書公司何恭上、洪範書店葉步榮、文經出版社吳榮斌，及遠流出版公司王榮文，轉眼已八年。我與何公一見如故，遂為忘年交。一方面何公與我皆為海陸客家人，加上何公與楊思勝醫師是老朋友，兩人情誼比兄弟更像兄弟，甚至連相貌都像。因楊醫師來臺時，偶爾會邀我看硯，試墨，食飯，與何公見面機會稍多。何公是張大千專家，年輕時與大千居士之遇合，堪為藝壇佳話。

因為三十年老菜脯極難得，一直捨不得用，須尋個好日子做老菜脯雞湯，家裡另備有二十年和十年老菜脯，加一條新菜脯，可以煮一鍋令人食指大動的老中青菜脯雞湯。

春筍當市，昨天在木新傳統市場買到孟宗竹春筍，比起號稱黑金的冬筍，便宜不可以道里計。筍去殼，切片，冷水煮起，蒜頭，蔥結，隨手下鍋，發六朵日月潭鈕釦香菇，並水一併下鍋。薑片爆香，炒帶骨雞塊，移入湯鍋，水滾後下鹽，蓋上鍋蓋，小火慢燉。

春暖花開，決定用何公送的鹹菜乾做一道梅干扣肉。打開鹹菜乾，客家阿婆那滿滿的陽光撲鼻而來。鹹菜乾以鹹菜本身綁束成紮，因脫水透澈，可陳年久放。何公云老菜脯和鹹菜乾得諸客家阿婆，最少三十年以上。曬鹹菜乾用覆菜（即福佬語之刈菜，普通話之芥菜），客家人曬鹹菜乾可謂一魚三吃，頭一日用鹽醃起，置大甕缸中，呼孩童上甕缸踩，踩好後用大鵝卵石壓，次日取出數棵置小甕中，名曰水鹹菜。有日頭時鹹菜鋪在禾埕上曬，曬後放回甕缸，仍喚小兒上甕踩，接連數日，待鹹菜脫水後，取其半數裝入酒瓶，名曰鹹菜；其餘半數繼續曬至全乾，以鹹菜葉綁束成紮，名曰鹹菜乾，即一般所稱之梅干菜，做梅干扣肉的就是這種鹹菜乾（如果沒有鹹菜乾，用鹹菜亦可，但不若鹹菜乾道地）；煮酸菜鴨用水鹹菜，惟水鹹菜有產季，非產季做酸菜鴨則以鹹菜代替，但一般不會用鹹菜乾（梅干菜）代替。客家館子所做福菜肉片湯或排骨湯，所用福菜即為鹹菜。

因鹹菜乾年深日久，打結甚牢，解開煞是不易。取出兩條，其餘包好置回乾貨食材箱。泡水五分鐘，倒掉水，輕擠鹹菜乾，再泡五分鐘，擠乾，切段備用。取四兩五花肉，我習慣五花肉買回來即分切裝夾鏈袋，置冷凍櫃，每塊約四兩，方便做菜時取用。五花肉切片，汆燙，炒糖色，置小碗公備用。飯碗調酢料，紅燒醬以冰糖、淺色醬油、深色醬油和米酒頭調成，另加白胡椒粉、花椒粉和蠔油，紅燒醬之外的酢料可加可不加。

起油鍋，蒜頭爆香，下紅燒醬，下鹹菜乾，加水，轉大火爆炒，略收汁，倒入中碗公，下鋪炒好糖色之五花肉。

既然要做蒸菜，一層是蒸，兩層也是蒸，乾脆做兩道蒸菜，這樣只要炒一個菜就可以吃飯了。於是決定做一道南瓜盅。客家阿婆幾乎無瓜不封，舉其大要如冬瓜封、苦瓜封（苦瓜鑲肉）、刺瓜封、香瓜封，連小玉西瓜吃完了亦可以做西瓜封。吾鄉花蓮壽豐乃栗子南瓜產地，栗子南瓜大小適中，是做南瓜盅之好食材。栗子南瓜剖蒂，取出瓜籽，鹹蛋、蘑菇切小丁，薑刨末，將餡料塞進南瓜中空的肚子。

這類分量不多的菜式，本來用八寸蒸籠即可，但我選擇用一尺，主要是南瓜有高度，八寸蒸籠高度略不足。因為用一尺籠床，水槽略顯擁擠，我直接將籠床放在浴缸泡水五分鐘（因日前甫做過蒸菜，籠床泡水五分鐘即可，如果久不用，泡個十分鐘會更保險，否則接觸蒸鍋的籠床底部容易燒焦）。但縱使先泡水，底層籠床仍會有焦痕，因此底層籠床是固定的，庶免每個籠床底部都燒焦。

蒸鍋水滾，南瓜盅置底層，梅干扣肉置上層，蓋因南瓜不易熟故。蒸三十分鐘，取出梅干扣肉放涼，南瓜盅繼續蒸。南瓜盅多蒸五到十分鐘，梅干扣肉降溫至徒手可握，倒扣於瓷盤上，此即扣肉之意也。

空心菜鮮嫩，取出友人所贈宜蘭鳳梨豆腐乳，夾出一塊豆腐乳和一片鳳梨，用阿媽牌湯匙舀些腐乳汁，置小碗中壓碎。蒜頭爆香，加入腐乳，加小半碗水，投入空心菜，轉大火，爆炒，拋鍋，如是者三，熗米酒頭，起鍋。

我煮食向來湯先行，湯好菜熟，整個過程約略就是燉湯的時間。竹筍雞湯因為先做，已燉煮一小時，加芹菜珠，倒入適量米酒頭，三分鐘關火。

梅干扣肉、栗子南瓜盅、腐乳空心菜、竹筍雞湯；三菜一湯，海陸沒有空，根莖葉果沒有花。梅干扣肉滿滿陽光的味道，我彷彿看到客家阿婆佝僂著身子，在偌大的禾埕上翻曬著鹹菜乾。

01

02

03

05

04

01 左：準備承接梅干扣肉的白色瓷盤；右：小碗公裡蒸好的梅干扣肉。02 倒扣在白色瓷盤上的梅干扣肉，令人食指大動。03 來自吾鄉花蓮壽豐的栗子南瓜，大小適中，是做南瓜盅之好食材。04 一尺籠床和二十公分鑄鐵鍋，有反差萌的喜感。05 梅干扣肉、栗子南瓜盅、腐乳空心菜、竹筍雞湯；三菜一湯食得一頓飽。

正月節要吃客家鹹粄圓

客家習俗粄圓要吃雙，白主貴人，紅主財富，希望今年順順利利，平安健康發大財。

歲次癸卯，昨日立春，今天元宵，客家俗諺云「立春落雨透清明」，意為立春日若下雨，直到清明前的天氣都多雨，不知是否會真的應驗。客家人過節很有趣，沒什麼端午、中秋、冬至，元宵節在正月，直接稱正月節，端午在五月，故稱五月節，中秋在八月，當然就是八月節，冬至在冬天，直接說是冬節，簡單明瞭，條理分明。

到學校游泳池泅完水，黃昏有雨，轉屋路上心心念念著想吃一碗客家鹹湯圓。可是天都黑了，到哪裡去買沒有餡的湯圓呢？原本想好到木新市場前的菜攤買一條白玉苦瓜，這家菜攤在有開市的下午以後，會從市場移到門口的屋庭下繼續擺攤，我常在下課時繞過去買菜。

車子進入木新市場外溢的巷道，忽然瞥見一個壓克力招牌用麥克筆新寫著「售湯圓」。臨時停車，想說碰碰運氣，居然還剩下為數不多的幾包湯圓，於是買了分量不大的一小包。

菜攤沒有白玉苦瓜，老闆說一斤一百多塊買不下手，於是買了綠苦瓜。對我而言，除了做鳳梨苦瓜雞湯之外，綠苦瓜和白玉苦瓜對我而言沒太大差別。我問老闆還有沒有茼蒿？老闆說今天一大早市場一開，許多人就在問茼蒿和芹菜，大家都要煮湯圓，早早就賣光了。我心裡咕咚一聲，客家鹹湯圓沒有茼蒿可怎麼成。我不知道福佬湯圓是否也加茼蒿和芹菜，我習慣煮的是客家鹹湯圓。開車繞到光明市場，菜攤都收了，心裡想：唯一的希望是往學校路上一間屋庭下的小菜攤，於是繞回學校後校門恆光街，看到小菜攤上居然有一籃茼蒿，宛如天降甘霖。

憶童年時，坐在灶下的小板凳上幫姆媽搓粄圓，印象裡外省湯圓有餡，福佬圓仔用箋籃搖，客家粄圓用手搓。一般紅白事常見客家三粄，炒米粉、糍粑和鹹粄圓，前兩者迄今猶盛，鹹粄圓倒是不多見。外省元宵帶餡，福佬鹹湯圓也帶餡，客家粄圓不帶餡，煮甜煮鹹依配料而定，甜粄圓用老薑、紅糖熬煮；鹹粄圓配料豐富，五花肉絲、魷魚、紅蔥頭、油蔥酥、薑絲、茼蒿是基本，其他豐儉由人。芹菜、青蔥、韭菜、香菇、胡蘿蔔、高麗菜，均可選項加入。五花肉切絲，家裡有金鉤蝦和蝦皮，我選了金鉤蝦。剝兩片高麗菜，撕小片。拍三顆紅蔥頭，茼蒿對絞撕斷，鈕釦香菇泡水，芹菜切珠，剪四分之一條魷魚，橫紋剪條，泡水發開

（魷魚整條泡水要一天才軟，先剪條只要泡二十分鐘即可）。苗栗似有帶餡之客家鹹湯圓，但我只聞其名，不曾食過。

鹹粄圓所用配料和食材，煮菜頭粄湯同樣適用；炒客家米粉，配料亦類似，去掉茼蒿即可。客家飲食常一料多用，沒有太多過於繁複之個別食單。

小鐵鍋煮水，水滾，下粄圓，滾開，加一次過面水，滾一分鐘，用篩網撈起置盤中備用。小鐵鍋繼續汆燙茼蒿，滾兩分鐘，置盤中備用，吃的時候再加到碗裡。蓋茼蒿不耐煮且湯易濁，故此。

大鐵鍋起油鍋，五花肉絲煸油，紅蔥頭、薑絲爆香，加水，轉大火，香菇、魷魚依序而下。鐵鍋第二次加水，加調味料，下高麗菜，翻炒後加半鍋水燉煮。加入煮熟的粄圓，轉大火，煮三分鐘，下芹菜珠，熗米酒頭，關火。

用一個老式的青花瓷碗公盛粄圓，我覺得就是要這種阿婆式碗公，才有食客家粄圓的感覺，而且要用阿媽牌鐵湯匙，而吃酒釀湯圓用瓷調羹好像比較般配。滿滿一碗公的鹹粄圓，鋪上茼蒿，真是熱呼呼，香噴噴。

客家習俗粄圓要吃雙，白主貴人，紅主財富，我用阿媽牌鐵湯匙舀，每一次都仔細小心舀兩顆，希望今年順順利利，平安健康發大財。

春雨霖霖，煮一碗客家鹹粄圓，讓熱烘烘的客家鹹粄圓，溫暖我身心。

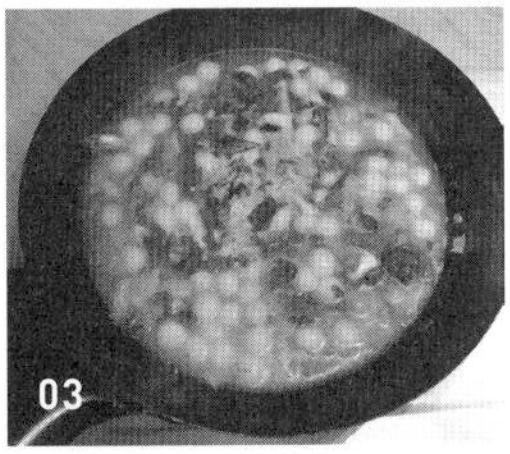

01 客家鹹粄圓備料。02 左：大鐵鍋炒料，右：小鐵鍋煮粄圓。03 將氽燙好的茼蒿移入煮粄圓的大鐵鍋。04 用一個老式的青花瓷碗公盛粄圓。

老菜脯雞湯和京醬肉絲

京醬肉絲是冬日時菜，主要因京蔥（大蔥）過年前後上市，是做京醬肉絲的好食材。

春暖花開，新冠肺炎肆虐，心裡想著清零是不可能了，要學習與疾病和平相處。兩年前看到兩位數感染者就全副武裝，嚴陣以待。現在看到本土每日數百例，感覺似乎還好，只要不是重症，就當作流行感冒吧！國境當然要顧，但也不必顧到閉關自守，經濟發展是要面對的另一個課題。這些是大人先生要處理的事，像我這樣的魯蛇教師就不必當鍵盤俠了，何若煮一頓好食。

藝術圖書公司何恭上是我的長輩，因為同是海陸客家，一見如故。何公是長輩，知我愛煮食，不時贈我好食材，我則回禮木柵中火鐵觀音，花甲老翁在何公面前猶是個小晚輩。

二〇二二年舊曆年前，何公寄來一罐老菜脯，一包大條新菜脯，專門用來煮湯那種，而非煎菜脯蛋的小菜脯，一袋客家阿婆醃曬的鹹菜，請公司業務用藝術圖書公司環保袋送來家裡。緣於老菜脯太珍貴，一直捨不得用。春暖花開，決定煮一鍋老中青菜脯雞湯，何公送的老、新菜脯，加上國中同學范姜美玉婆婆曬的四十年老菜脯，食材齊備，於是洗手做羹湯。

從冷凍櫃取四分之一隻雞，帶骨，解凍一分鐘，剁成小塊，再微波兩分鐘備用。我一般到傳統市場買整雞，卸下兩條腿去骨，備做各式雞丁和左宗棠雞之用，其餘大切四塊，置冷凍櫃備用。我很怕買剁好的帶骨雞塊，解凍時湯汁淋漓，慘不忍睹，而且甜味容易流失。

老中青菜脯清洗，泡水。蒜苗用二號片肉刀橫拍，切段，老薑切片。土鍋裝水三分之二滿，水滾，投入菜脯、蒜苗、薑片。鐵鍋裝水，冷水汆燙雞塊至顏色變白，移入土鍋燉煮。

雪翠高麗菜對撕，土鍋湯滾，轉小火，投入高麗菜，用雞湯煨。幾次參加原住民的祭典或餐會，原住民煮雞湯時直接將高麗菜投入湯鍋，不另外炒。高麗菜吸收雞湯的油汁，甘甜好吃，雞湯的油被高麗菜吸掉，正好去油。老菜脯雞湯約燉煮五十分鐘，夾出煨好的高麗菜，土鍋加水，湯滾，熗米酒頭，關火。

京醬肉絲是冬日時菜，主要因京蔥（大蔥）過年前後上市，是做京醬肉絲的好食材，平常一般餐館供應的京醬肉絲用臺灣青蔥，要冬天才有用京蔥的京醬肉絲。過年後買了兩條京蔥，用了一條，剩下一條放在冰箱冷藏室，幾乎快忘記了，前兩天清冰箱意外發現，心心念念著要做京醬肉絲。京蔥用菜刀剖開，以十刀片切絲器切絲。

一般做京醬肉絲用紅燒醬加甜麵醬調酢料，我用深淺二色味噌取代甜麵醬。深色醬油是上下游出的黑蔭油，淺色醬油用屏科大薄鹽醬油，以冰糖取代赤砂糖，調以米酒頭，加上二色味噌，調成京醬。

前幾天到木新傳統市場買菜，見肉攤有兩顆小兒拳頭大的精肉，老闆娘說是小老鼠肉，我問可以用來做肉絲嗎？老闆娘說一般肉絲用大老鼠肉，我覺著小老鼠肉看起來小巧可愛，一團剛好做一道菜，就順手買了回來。從冷凍櫃取出，微波三十秒解凍，先切片再切絲。蒜頭切小丁，小紅椒切圈，大紅椒斜刀。

京蔥絲鋪盤底，留一小撮以備鋪肉絲上。起油鍋，油溫約一百五十度，肉絲過油三分鐘，取出，倒入盤。餘油倒回油壺，鍋底留些許油，蒜丁、辣椒爆香，加水，倒入調好的京醬，滾開，燜一分鐘，熗烏醋，淋到置於盤中之肉絲，撒幾撮蔥絲。

昨天的半盤剩菜蔥爆豆腐花生，新做的京醬肉絲、雞湯煨高麗菜，加上老菜脯雞湯，好友黃文輝所贈「牧于自然田」台梗十六號糙米煮的飯初登板，三菜一湯，其樂也泄泄。

01

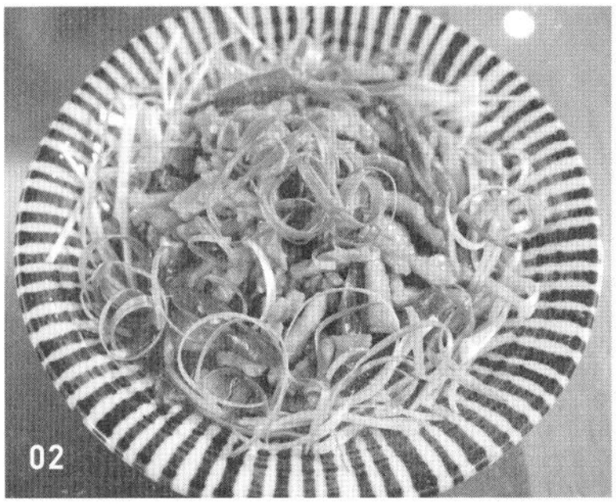
02

03

04

01 三菜一湯的備料。02 京醬肉絲。03 老菜脯雞湯。04 好友黃文輝所贈「牧于自然田」台梗十六號糙米煮的飯。

客家天穿日，煮碗熗鍋麵

荷包蛋煎恰恰，香氣留在鍋內，是熗鍋麵成功的靈魂。

客家習俗過了元宵節即為天穿日，一般是正月十六到正月二十，目前官方訂為正月二十日。另一說法為從大年初七到正月二十五都可以是天穿日。我持保守看法，認為正月十六到正月二十為天穿日比較符合傳統習俗。

對客家人而言天穿日不屬節慶，反而是惡日，蓋元宵節已過，春耕還沒有開始，諸事不宜，只適合掃墓。因此傳統客家人在天穿日掃墓，亦有少數選擇二月二龍抬頭。但在現代社會客家族群也僅祖廟和公祠維持天穿日掃墓的習俗，一般掃墓仍依臺灣大部分人習俗在清明。

臺灣是多元族群社會，各個族群間的習俗略有所異，如原住民和外省族群不拜土地公，漢人拜地基主原屬平埔族信仰，各種文化融合的現象屢見不鮮。客家人一般食粄條不太吃麵，鄉下地方視吃麵店為奢華行為。印象裡我高中以前還真沒在外面麵店吃過麵，大概是怕挨姆媽罵。偶爾家裡會煮麵線或烏龍，客家人稱粗麵條為烏龍，想即烏龍麵之意。

微雨，天冷，心裡想著吃一碗熱熱的麵，自己在家裡煮，總不至於被罵奢華，就算奢華也是低調的。

這兩天大市場連休，木新傳統市場跟著休市。記不得家裡是否還有番茄，到學校泅完水轉屋路上，經過恆光街屋亭下的小菜攤，問賣菜的歐巴桑有沒有柑仔蜜，歐巴桑轉身到裡面的冰箱翻了老半天，找出有點破皮的番茄說：「這粒嘸水送你呷啦！」鄉下地方就是這樣，連賣菜歐巴桑都老實厚道。

從冷凍櫃取出麵團，微波退冰一分鐘備用。打一顆蛋到小湯碗，準備煎荷包蛋；取兩片高麗菜，手撕備用。今天刻意用廚師刀（牛刀）練手，平常我切菜慣用二號片肉刀，牛刀因為刃口有弧度，切菜須往前划推，而非如片肉刀往下正切。蒜切小丁，蔥白切段，蔥綠切花，小辣椒切圈，大紅椒斜刀，番茄切片，五花肉切絲，中香菇泡水切絲，一會兒就備好料了。

大鐵鍋起油鍋，煎荷包蛋備用。小鐵鍋煮水，滾開，捏麵疙瘩下鍋。荷包蛋煎恰恰，香氣留在鍋內，是熗鍋麵成功的靈魂。荷包蛋煎好備用，餘油煸五花肉絲，蒜丁、蔥白、辣椒爆香，下香菇（連泡香菇之水倒入）、下調味料，下高麗菜，將小鐵鍋麵疙瘩移入大鐵鍋。將荷包蛋放回湯裡一起煮，荷包蛋吸滿湯汁的香味，麵疙瘩在小鐵鍋已煮熟，移入大鐵鍋只是過個門，起鍋前下點醬油，熗料酒，起鍋。

將熗鍋麵疙瘩倒入青花大碗公，滿滿一大碗，撒些蔥花，荷包蛋入味，湯頭濃郁，撒點兒白胡椒粉，本屬外省菜的熗鍋麵疙瘩頓時充滿臺灣味。客家天穿日，一碗熗鍋麵疙瘩，食得一頓飽。

01 大鐵鍋起油鍋，煎荷包蛋備用。餘油煸五花肉絲，蒜丁、蔥白及辣椒爆香，下香菇（連泡香菇之水倒入），下調味料，下高麗菜。小鐵鍋煮水，滾開，捏麵疙瘩下鍋。**02** 將熗鍋麵疙瘩倒入青花大碗公，滿滿一大碗。

秋天是想念的季節，
下課轉屋路上，忽爾姆媽的身影浮掠而過。
壯碩的身量，臉如滿月，
嘴角一逕兒笑著，露出深深的梨窩。

卷三

臺灣調

自己的一夜干自己曬

一夜干係讓魚因減少水分而濃縮肉汁，吃起來特別鹹香甘美。

我嗜食一夜干，而臺灣一般餐館菜單鮮見此物，日本料理店亦不見其蹤跡。臺灣的一夜干出現在居酒屋或燒烤店，非我守備範圍。網購倒是常見，而我非網購愛好者，於是只能透過各種辦法取得一夜干。

有一回到乾爸乾媽家吃飯，乾妹陳淑蘭送我兩尾自製的一夜干，一尾黑喉，一尾午魚。轉屋後以三田鐵鍋煎食，皮脆肉嫩，美味無邊。於是求授製法，從此自己的一夜干自己曬。

一夜干是北海道保存漁獲、增添美味的一種方式，顧名思義即「一夜乾燥之魚」，故非製成鹹魚，亦與蘭嶼的飛魚乾有別，飛魚乾係以重鹽、日曬、風乾做成魚乾。一夜干係讓魚因減少水分而濃縮肉汁，吃起來特別鹹香甘美。

一般約四兩到半斤之間的小魚，均適合做一夜干，如黑喉、紅喉、午魚、黃魚、鯖魚、

01 一般製一夜干以鹽水醃漬，我的醃料裡含米酒頭、鹽之花、魚露和味醂。02-03 瓷盤放醃料，上置午魚，半小時翻面一次，圖中分別為正反面。04 五條魚同置一鋼鍋內。

馬頭魚，亦有人用秋刀魚製一夜干。

到木新傳統市場買菜，市場外街角有一家魚攤，賣魚論盤。看到一盤午魚，一條約四兩，六條兩百五十元。請店家剖背，剖背者即從魚背部剖開而腹部相連，有一個很美的名字叫蝴蝶切。轉屋，用魚鱗刨刮鱗，大部分魚攤會幫忙殺魚，去鱗，去鰓，但魚鱗不一定去除完全，回家後須以魚鱗刨將魚鱗完全清理乾淨。魚攤殺魚時間很趕，內臟往往清理不確實，回家後放在洗菜籃裡，一邊沖水一邊用牙刷將魚腹完全處理乾淨。清理魚腹時，以小魚刀割開龍骨，讓龍骨血流出，以牙刷將龍骨血刷乾淨，邊刷邊沖水，直到龍骨血和魚血清清如洗，整條魚完全沒有髒汙。

有一回過年前看到一盤馬頭魚，準備買來做一夜干，請魚攤老闆切背。老闆生意太好，沒空幫我弄，只好轉屋後自己動手。馬頭魚肉質細嫩，魚身很軟，下刀不易，花了快一小時才將五尾馬頭魚切背完成。手作者（Maker）愛找自己麻煩，卻樂此不疲。

一般製一夜干以鹽水醃漬，有些人會另加米酒一起醃。我在鹽和米酒頭之外，另加魚露和味醂。兩次製作午魚一夜干的手路不同，一次是一條魚置一瓷盤，一次是五條魚同置一鋼鍋內；不鏽鋼鍋倒入米酒頭、鹽之花、魚露和味醂，放入五條午魚，加點冷水，讓醃料漫過魚身。

醃半小時，翻面，再半小時，反覆兩次。醃漬好的午魚取出，瀝乾水分，置盤中，放進冰箱冷藏室曬一天一夜。過程中翻面四次，收工。

臺北居住環境潮濕，魚吊室外風吹一夜不會乾，用冰箱的乾燥功能曬一夜干，簡單方便。用米酒頭、食鹽、魚露、味醂醃漬過的魚，乾燥後醃料沁入魚身，使魚肉更為甘甜，美味尤勝乾煎。曬幾條午魚一夜干，用厚保鮮膜分裝封好，收在冷凍櫃裡慢慢吃。

花甲老翁要寵愛自己，自己的一夜干自己曬。一夜干解凍甚易，因魚身沒有水分不會油爆，煎赤赤如桌上拈柑。

昔時說一口好菜，而今洗手作羹湯。陸游〈冬夜讀書示子聿〉：「古人學問無遺力，少壯工夫老始成。紙上得來終覺淺，絕知此事要躬行。」自己動手，豐衣足食，其斯之謂與？

故鄉來的巴吉魯

巴吉魯原屬花蓮阿美族吃食，阿美族人稱麵包果，有別於可以當水果吃的波羅蜜。

憶童年時，自春徂夏，大人們口中叨念著：莿桐花開的時候就是阿米斯過年。

夏至時節，巴吉魯（pacidol）果熟，帶籽果肉的顏色，像陽光般燦爛。再過些時候就是阿美族的豐年祭，想念故鄉，想念故鄉的陽光，想念故鄉的巴吉魯。

距離花蓮市約二十公里的豐田（トヨタ，豐田的日文原名，音讀Toyota），是我生長的故鄉。這裡曾是日本移民村，一九一一年日本愛知縣人移民這裡，建立了豐田移民村，小小的火車站，名曰豐田驛，碧蓮寺改名豐田神社，今日之豐裡國小是日治時期豐田小學校，臺灣人念的壽公學校在鯉魚尾那邊，即今日之壽豐國小。

戰後豐田移民村分為四個聚落，山下聚落即今日豐山村，太平聚落改名豐坪，中里聚落易名豐裡村，併入豐田神社第二鳥居與神社間的森本聚落，即老輩人口中的もりもと（音讀

morimoto）。老家在靠近鐵道這邊的豐山村，距離豐田圳支流三十公尺，豐田圳往東屬豐裡村，往西是豐山村，豐山村多海陸客，我的母語即海陸客家。豐田驛街路上住著一些福佬人，故我上小學以後，福佬語和普通話是同時學的。我家在豐山村，講海陸腔，豐裡、豐坪村是四縣腔，四縣腔是大語系，海陸人一般會講四縣話，四縣人比較不會說海陸話。其實就是一個轉腔，四縣腔重音在後，海陸腔重音在前，懂得轉腔並不困難，但是四縣人寧可講福佬話，也不太願意轉腔講海陸話。如同福佬人寧可講普通話，也不會去學客家話，遑論分四縣腔和海陸腔，這是弱勢語言的常態。

豐山村沒有豐年祭，豐裡和豐坪村才有，可能是街路上比較少阿美族之故。巴吉魯是阿美族吃食，花蓮人稱阿美族為阿米斯，戰後可能因語言之訛誤，於是戶籍登記成了阿美族，應該是福佬語的音轉漢字。這種情形和阿里山曹族更名為鄒族，正巧相反。

巴吉魯原屬花蓮阿美族吃食，阿美族人稱麵包果，有別於可以當水果吃的波羅蜜。傳統阿美族在家屋旁會種四種樹：巴吉魯樹、檳榔樹、毛柿樹、番龍眼。巴吉魯是夏季主要食材來源，外形易與波羅蜜搞混，波羅蜜長於樹幹，果實碩大，剝開可以生食，吃的是果仁，即果實的種子。巴吉魯吃的是果肉，但並不去籽，煮食時果肉含果仁一併煮。

巴吉魯又稱麵包果、羅蜜樹、馬檳榔、麵磅樹，屬桑科桂木屬。桂木屬又名波羅蜜屬，麵包樹的果實很像波羅蜜水果，但是體積較波羅蜜小，大約是一個手掌大小。麵包樹原產於新幾內亞以及馬來群島，如今因人類傳播而分布玻里尼西亞、印度南部，及加勒比地區等熱帶地區。

收到故鄉寄來的巴吉魯，心裡有著滿滿的感動。二〇一八年六月九日到十日，回花蓮參加壽豐國中第四屆同學會。我們這一屆因為編班次數太多，有一半左右的同學曾同班過，故爾都辦全屆同學會，沒有各班分別辦的那種。同學會常常數十上百人參加，規模極盛大，羨煞上下屆的同學們。報到的當天下午，主辦同學準備了許多點心，吳貴美做了蟻粄、黃甄鳳煮了雞湯，不知誰準備的水煮花生，以及各式後山吃食。我問同學，有巴吉魯湯嗎？同學回，巴吉魯要七月才上市。

七月六日收到故鄉寄來的三大包巴吉魯，同學將巴吉魯去皮切大塊，稍汆燙後放進冰庫冷凍，再以冷凍包快遞寄來。暌隔多時的巴吉魯，於是成為桌上佳餚。

我曾在臉書貼文談到花東原住民吃食巴吉魯，許多臉友看到後，紛紛表示沒吃過。後山鄉親則表示，這是花東地區很普通的吃食，臺灣其他地方沒有嗎？

本來我也以為沒有，適巧張文翊姊的侄兒在大屯山採了幾顆巴吉魯送她，文翊姊苦於麵包果多乳汁，黏刀，不易處理。我教文翊姊先放進冰箱冷凍庫三小時，切的時候就不會有乳汁了。文翊姊依樣葫蘆，果然乾淨利落。文翊姊很開心，週日和金恆煒哥開車送來幾顆巴吉魯。恆煒哥是翻譯名家金溟若之子，是綠營極具代表性的外省第二代。曾任余紀忠時代《時報人間》副刊主編，創刊思想性刊物《當代》，並擔任總編輯。有一回在電視談話性節目上，與林正杰起衝突，林正杰揮拳毆打恆煒哥，電視畫面傳出，場面極為血腥，從此我對缺乏民主風度的行為極度痛恨，包括各種肢體和語言暴力。恆煒哥曾罹胰臟癌三期，治療過程備極艱辛，尚幸度過第一個危險的五年期，身體、精神狀況都很好。

我將文翊姊送的巴吉魯放進冷凍櫃，二〇二〇年春夏之交，因著新冠肺炎的緣故，買了儲藏食物的神器冷凍櫃，從此食物很豐滿，再多食材也不怕，放幾顆巴吉魯游刃有餘。

冷凍三小時後，取出巴吉魯，用金門特銀二號片肉刀剖開，要削皮時發現片肉刀使轉不靈，便換用大馬士革紋牛刀，我親自用磨刀石磨過，極為鋒利，是我切生鮮食材的備用刀。

用牛刀削皮果然方便許多，很快就削好皮。因果實碩大，切成四份，取出巴吉魯心。蓋果心帶苦，必須去除。果心硬而韌，下刀不易，我緩刀慢削，順利取下果心。

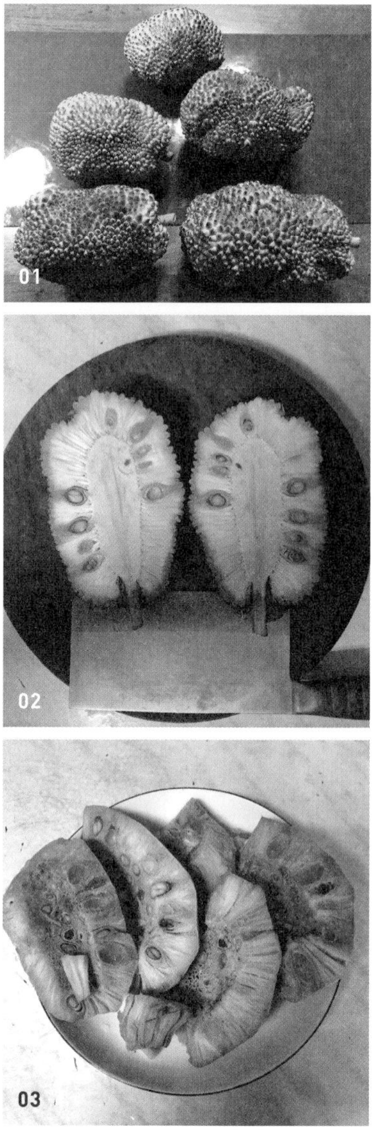

01 巴吉魯果實。02 切開的巴吉魯。03 巴吉魯切大塊。

我依果實大小分切，最大的切成四份，中尺寸切三份，小果切兩份，分別裝進夾鏈袋，放在冷凍櫃裡備用，應該夠吃整個暑假。

我將巴吉魯取出，略事清洗，切塊。淺黃的是果肉，橙黃的內有果仁，一塊巴吉魯即含果肉與果仁。一般巴吉魯加小魚干或排骨煮湯，我一次煮小魚干湯，一次煮排骨湯，一次則是小魚干加排骨一鍋煮。煮小魚干湯時，巴吉魯可同時下鍋；煮排骨湯時，排骨先汆燙去血水，燉煮半小時再下巴吉魯塊。薑切片，蔥切段，蒜去皮。土鍋煮水，水滾，投入薑片、蔥段及大蒜，再下汆燙過的排骨，燉煮半小時，下小魚干和巴吉魯塊，燉煮十分鐘，熗米酒頭，

鳳梨巴吉魯雞湯含豐富配料，帶來後山滿滿的陽光。

起鍋前投一小把拍碎的馬告。馬告是泰雅族香料，俗稱山胡椒，煮湯時加少許，香氣四溢。巴吉魯果肉帶點梔子花香，果仁類似栗子和花生的綜合體。在巴吉魯湯裡加幾粒馬告，或亦算得是飲食文化的融合。因為加了香菇和馬告，頓使來自後山的粗食，ㄚ鬟變小姐。

友人問我巴吉魯怎麼煮，我常說就當成苦瓜，煮小魚干或排骨湯，既然如此，今天決定做一道不一樣的巴吉魯湯，仿鳳梨苦瓜雞，做一道鳳梨巴吉魯雞湯。

帶骨雞腿切塊，巴吉魯切大塊，生鳳梨切大丁。一般做鳳梨苦瓜雞多用醃鳳梨，我喜用生鳳梨做鳳梨苦瓜雞，而不用醃鳳梨。家裡有黃米豆醬，順手舀兩湯匙，不假外求。如果沒有黃米豆醬，豆瓣醬也可以，喜歡吃辣的用辣豆瓣醬，不喜辣者用一般豆瓣醬。其實醃鳳梨全名鳳梨豆瓣醬，即鳳梨切片和豆瓣醬一起醃。我覺得用生鳳梨比較香，另加黃米豆醬，意思是一樣的。我做鳳梨巴吉魯雞湯，手路同鳳梨苦瓜雞。

薑切片，蔥打結，大蒜去皮，鈕釦香菇數顆。土鍋煮水，鐵鍋起油鍋，薑片爆香，加點兒胡麻油炒雞塊，炒至雞塊呈白色，移入生鐵鍋燉煮，蔥蒜、香菇一併。倒入黃米豆醬，加少許鹽，燉煮半小時，下巴吉魯塊和鳳梨，燉煮十分鐘，下料酒，關火。起鍋前在巴吉魯湯裡加幾粒馬告，添加些許香氣。

黃米醬是客家醬料，馬告是泰雅族香料，飲食常有文化融合的現象，臺灣街頭出現的臭豆腐和蚵仔麵線即為明證。臭豆腐源自寧波，起初以蒸食為主，移入臺灣後常見炸食。蚵仔麵線乃臺灣南部吃食，今日幾乎臺灣各地皆可見。尤其常見到的情形是，同一個攤子，一鍋煮蚵仔麵線，一鍋炸臭豆腐，完全沒有違和感。

做一道筍丁炒蝦仁，一盤豆干炒豆角，加一道炒豬菜，南北和，原漢混，食一頓南腔北調的晚餐。

吃著來自花蓮的巴吉魯，我彷彿聞到故鄉泥土的味道。湯裡淡淡的梔子花香，巴吉魯帶來後山滿滿的陽光。

乍暖還寒，煮一鍋阿嬤的白菜滷

本來白菜滷只要燉煮二十五分鐘，因為加了豬腳添香，多煮十五分鐘，讓豬腳稍軟。

驚蟄未有春雷，天氣乍暖還寒，想著煮一鍋阿嬤的白菜滷。

下午泅水時，學校游泳池的水溫二十七點五度，水裡反倒比陸上二十度的氣溫暖和。春節過後，天氣忽冷忽熱，寒冷倒比天暖多些，游泳池的人很少，一個水道不到一個人。自從新冠肺炎以後，游泳池開開關關，泅水的人愈來愈少，常常偌大游泳池不到三個人，泅起來清爽寬廓。我因為膝蓋有退化性關節炎，能走不宜跑，運動以泅水為主。近幾年覺得例行三划一換氣的游法太單調，於是捷泳時改變換氣方式，去程三划一換，回程二、三、四、五划一換，得認真數數兒，一個晃神很容易數錯。我們的身體對運動會產生記憶，必須破壞原有習慣，方能有較佳運動效果。數著數著，覺得水還真有點冷，心裡想著要煮一鍋熱熱的白菜滷。

腦子裡檢點家中食材，白菜滷的主料扁魚和白菜有了，其他都好辦。我喜歡白菜滷裡加蛋酥，前幾天買了一盒雞蛋，在蛋荒時期，可以有蛋炸蛋酥，頗覺有幾分幸福之感。

喝完咖啡，沖了茶，吃了充滿罪惡感的巧克力和司康，近黃昏時分，開始備料。剝半顆白菜，菜葉對撕；取六朵香菇，抓一把東港中蝦（本來要用金鉤蝦，發現前些時候用完了忘記補貨）；從冷凍庫拾掇一塊五花肉，切片，用全蛋液、橄欖油醃十分鐘。川耳泡溫水，切絲，薑切片，青蔥切段，蒜頭去皮切小丁，小辣椒切圈，大紅椒斜刀，竹筍切絲。冰箱沒有金針菇，抓了一把有機白精靈菇，一刀橫切。扁魚逆紋剪條泡水，豬腳剁小塊，打兩顆雞蛋炸蛋酥。

鐵鍋起油鍋，開大火，油溫約一百五十度，轉中大火炸蛋酥。蛋先在碗中打勻，我未使用打蛋器，兩顆蛋在碗裡用一雙筷子攪一攪了事。一手持篩網，一手拿蛋碗，蛋液通過篩網如雨絲般落下，觸油成酥。網眼宜大不宜小，庶免蛋液無法漏下。蛋液入油鍋即熟，故爾兩手需依順時鐘或反時鐘（依個人習慣）方向搖動，以免蛋絲堆積，無法成絲酥。土鍋燒水，水滾，下蛋酥、白菜、膨皮、筍絲。炸油倒回油壺留用，原鍋底油下蒜丁、蔥白、辣椒爆香，香菇、東港中蝦炒香；加水，加鹽和調味料；本來應該加切片胡蘿蔔，家裡沒有，故爾從缺。加點兒胡麻油，下五花肉片、豬腳炒香。將鐵鍋配料倒入土鍋，燉煮四十分鐘，本來白菜滷只要燉煮二十五分鐘，因為加了豬腳添香，並且增加膠原蛋白，多煮十五分鐘，讓豬腳稍軟。

01 白菜滷裝在深盤裡上桌。02 宮保雞丁。03 香煎馬頭魚。

土鍋燉煮白菜滷，鐵鍋做宮保雞丁。宮保雞丁相傳是晚清四川提督丁寶楨嗜吃辣，在四川提督任上常命家廚烹飪自創家菜，一種用雞丁、辣椒、花生合炒而成的料理，初無定名，其後此菜廣為流傳，因丁寶楨官銜宮保，乃在菜名前加上宮保二字，名曰宮保雞丁。去骨雞腿去皮，切大丁，用全蛋液、橄欖油、白胡椒粉醃十分鐘。雞皮切大塊，用來煸油。薑切絲，青蔥切段，蒜頭去皮切小丁，小辣椒切圈，大紅椒斜刀。起油鍋，少油，下雞皮煸油，取雞油之香。用中長度料理筷夾去雞皮，下大紅袍花椒粒，煉花椒油，約兩分鐘，用濾網濾去花椒粒，花椒油置碗中備用。去骨雞腿肉在炸好蛋酥後，原油留下繼續過油雞丁，約三分鐘，半熟呈金澄色澤後瀝乾備用。用煉好的花椒油起油鍋，薑絲、蔥白、蒜丁、辣椒爆香，下冰糖、深淺二色醬油，加米酒頭，下乾辣椒，加水，下雞丁，小拋鍋翻炒，下痲辣花生，轉大火燉煮三分鐘，略收汁，熗烏醋，起鍋。

買菜時見魚攤有馬頭魚紅鯛，這家魚攤賣魚常常論堆或包賣，五條馬頭魚紅鯛約兩斤賣三百元，於是買了一包。煙仔虎當市，輪切煙仔虎，一包八片賣一百八十塊，便宜到不買對不起自己，一片夠吃一餐。用小魚刀和舊牙刷將魚清理好，放進冷凍櫃慢慢吃，夠吃很長一段時間，留下一尾馬頭魚當晚餐。

馬頭魚肉質細嫩，屬於不容易煎好的魚，但這難不倒我。馬頭魚用廚房餐巾紙吸乾水分，塗上一層薄薄的全蛋液。今天打一顆蛋，醃五花肉片和去骨雞腿用去四分之三，剩下四分之一用來塗馬頭魚。起油鍋，轉大火，油溫約一百五十度，下馬頭魚，十秒鐘翻面，煎十秒鐘，轉中小火，煎兩分鐘；拋鍋翻面，同樣煎兩分鐘，起鍋。切兩片檸檬擺盤，假掰一下，半顆檸檬擠到魚身上，一小碟胡椒鹽，就是香煎馬頭魚的最佳吃法了。

自己的晚餐自己做，一鍋白菜滷，一盤宮保雞丁，一尾香煎馬頭魚，加上昨天剩的鳳梨苦瓜雞湯，三菜一湯食飽飽。

煮筍兼熬糜，一事兩勾當

一般煮筍可丟幾粒米進鍋，筍煮好後取出，將米粒撈到土鍋，倒些煮筍的米汁熬成糜。

大疫之時，我想，沒有比待在家裡更安全的所在了。

立夏時節，綠竹筍上市，到木新傳統市場買菜時，見路邊有售綠竹筍者，買了兩條，準備回家做涼筍。菜攤邊角地上水盆放著煮好的桂竹筍，買了四條，做油燜筍當涼菜吃。

蘇軾〈於潛僧綠筠軒〉云：「寧可食無肉，不可使居無竹。無肉令人瘦，無竹令人俗。人瘦尚可肥，士俗不可醫。」像我這種一身東坡肉的花甲老翁，當然要食筍。臺灣一年四季有筍，孟宗竹有春筍，接著是烏殼綠，桂竹筍隨之上市。綠筍是大文山區特產，每年立夏以後，綠筍上市，可以一直吃到白露。綠竹筍後期，麻竹筍登場，然後就是箭筍和孟宗竹冬筍了。綠筍的最佳吃法當然是涼筍，有白玉涼筍之名，與白玉蘿蔔、白玉苦瓜齊名。冬吃蘿蔔夏吃瓜，立夏要吃白玉涼筍。

我不喜用電鍋蒸煮，舉凡蒸魚、煮筍、梅干扣肉，不是用土鍋煮，就是用籠床蒸。電鍋太溫吞，做出來的菜往往不愜我心。將綠竹筍用菜瓜布（是真的菜瓜布，即去籽的老菜瓜囊）刷洗乾淨，筍背剖一刀，丟進電鍋之內鍋，用瓦斯爐煮，從冷水煮起。買筍宜選彎身，蓋肉多之故也，直筍只適合煮湯。筍背即筍身隆起部分，用菜刀劃一道，一則筍較易熟，二則加點米一起煮，筍肉吃進米汁會變比較甜。一般煮筍可丟幾粒米進鍋，煮完筍，倒掉飯粒，我覺得有點兒可惜，於是乾脆直接下一量杯米，筍煮好後取出，將米粒撈到

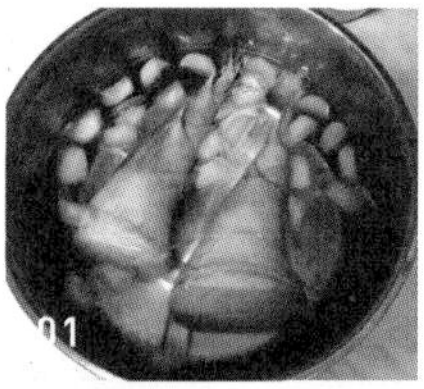
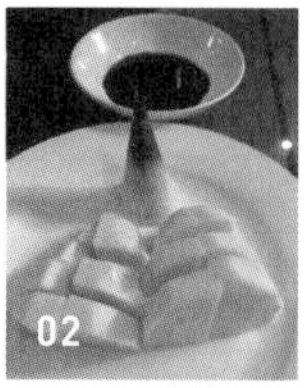

01 將竹筍從滾水中取出，直接放入加添冰塊的冰水中冰鎮。02 我有美乃滋恐懼症，故喜歡蘸醬油吃。03 早餐煎顆魚汁煎蛋，一塊宜蘭鳳梨豆腐乳，一匙肉鬆，幾條辣蘿蔔，幾粒花生米。04 買了四條桂竹筍，做油燜筍當涼菜吃。

土鍋，倒些煮筍的米汁熬成糜。

有些人將煮好的飯加水煮成稀飯，那是稀飯，不是糜。至於將米飯放進鍋裡隨意煮幾分鐘，那是泡飯，連稀飯都說不上。糜者粥也，須從冷水煮起。范仲淹住在寺裡讀書吃的就是糜，因為煮久了，如漿糊狀，可以用筷子劃成四塊分著吃。魏晉飲食文化則有吃粥養生之說，東華大學歷史系陳元朋教授是研究吃粥養生的專家，我就不在這裡獻醜了。

綠竹筍冷水煮起，水滾後煮十分鐘，將竹筍從滾水中取出，直接放入加添冰塊的冰水中冰鎮，吃的時候去皮切大丁或厚片。一般小吃店或餐廳，喜切滾刀，筷子夾不起來，要用牙籤插著吃，看著老覺著怪。切大丁或厚片，直接用筷子夾著吃，稍文雅秀氣些。

我有美乃滋恐懼症，舉凡食物蘸美乃滋者，一概敬謝不敏。我喜歡蘸醬油吃，屏科大出一種薄鹽醬油，當蘸醬極好。我吃酪梨亦是蘸醬油或芥茉，把酪梨和白玉涼筍當刺身吃。

蒸鍋裡的米粒用篩子撈到土鍋，倒些煮筍的米汁，繼續熬煮半小時成糜。早餐煎顆荷包蛋，一塊宜蘭鳳梨豆腐乳，一匙肉鬆，幾條辣蘿蔔，幾粒花生米，亦就豐滿得很。

有時我也會將煮筍的粥加料，煮成鹹糜。炒菜脯、臘肉、皮蛋、生香菇、高麗菜，將糜倒入鐵鍋繼續燉煮，最後下芹菜珠帶香，就是一鍋好食的鹹糜。

水煮小芋頭，安頓我鄉愁

小芋頭我喜歡用蒸的，竹蒸籠的味道混合著小芋頭香氣，想著就齒頰留香。

秋天是想念的季節，彼邊山，彼條水圳，是我心底永遠的鄉愁。

十八歲負笈異鄉，轉眼四十五載，東臺灣鮮黃色的小火車，竟已是我年少的夢境。從此沒有返回花東縱谷長住，日久他鄉變故鄉。

一九四六年，因太平洋戰爭期間，新竹湖口的茶園荒廢，做茶做不到來吃，《茶金歲月》所謂「茶金茶土茶狗屎」，我不是很清楚父親是茶土或茶狗屎階段離開故鄉湖口。父親將湖口茶園交給二伯，帶著兩個幼弟四叔和屘叔，及姆媽與襁褓中的二姊來到花蓮壽豐豐田驛，落腳四面皆荒埔地的豐山村。闢草萊，墾荒地，十三年後，拓荒者第二代的我，在這裡出生、長大。

初闢的荒埔地甚為貧瘠，只能種些番薯、芋頭之屬，番薯養豬，芋頭人食，煮湯或做粄。

姆媽有一雙巧手，做粄功夫一流，舉凡紅粄、菜包、蟻粄、菜頭粄，無一不精，芋頭粄亦是佢常做者。大的芋頭做粄、煮食，小芋頭用大鍋煠熟（將食物置入鍋中滾水煮），給小孩當零嘴食。客語稱小芋頭為芋子仔，福佬語曰「芋艿」。

一般夜市或傳統市場，鮮有賣水煮小芋頭者，欲食得自己做。下課繞道木新傳統市場邊

01 南瓜盅。**02** 清蒸魚、南瓜盅、炒芥藍花及小芋頭，半桌子菜餚看起來琳瑯滿目。

的菜攤，原本計劃買一把蔥和三條白玉蘿蔔。見角落有小芋頭，問老闆一包多少錢，老闆說八十元，隨手帶了一包。

童年時，芋子仔是孩子們的零食，或烤或蒸或水煮，小手搶著抓，熱呼呼的燙手哩！入冬以後小芋頭上市，菜攤上老不見蹤影，驀然回首卻在角落對我微笑。

小芋頭我喜歡用蒸的，竹蒸籠的味道混合著小芋頭香氣，想著就齒頰留香。既然要蒸小芋頭，乾脆用蒸籠做頓晚餐：清蒸金雞母魚，南瓜盅和小芋頭，再加一盤芥藍花炒鬼頭刀干貝醬，也就很豐盛了。

芋子仔用鬃毛刷搓洗乾淨，置瓷盤備用。東昇南瓜從蒂處剖開，掏出南瓜籽。鹹蛋、老薑、生香菇剁碎，塞入南瓜腹中。

從冷凍櫃取出前兩天買的金雞母魚，老闆說是野生的，我就傻傻的付錢了。我請老闆剖背，即蝴蝶切，不論乾煎或清蒸都比較容易熟。臺灣民間拜神魚要跪著蒸，一般餐廳以側躺蒸為多，也有少數跪著蒸，剖背的魚則是仰躺著蒸。

廣式蒸魚純粹清蒸，蒸熟後再淋醬汁；臺式蒸魚則鋪上薑片、蔥段和破布子，魚用鹽巴和料酒醃過，蒸熟了直接吃。我蒸魚習慣臺式和廣式混用。前半段用臺式蒸魚，後半段將湯汁倒進熱油裡滾過，加雙色醬油和蠔油，魚身撒上蔥花或蔥絲，淋上醬汁。

三隻一尺籠床泡水十分鐘，蒸鍋水滾，依序擺上小芋頭、南瓜盅和金雞母魚，因為蒸魚只要蒸二十到三十分鐘，放在上層；南瓜和芋頭要四十分鐘，放在下層。

那廂開蒸，這廂切芥藍花。有些朋友問我菜切多長，因為沒有尺可以量，最簡單的方式就是食指一節半到兩節，切菜時食指總是在旁邊，目測一下就可以了。芥藍花梗比較粗，中剖兩半，斜切；亦有人將莖部較粗部分去皮，我覺得兩者皆可。汆燙兩分鐘去生，菜葉會比較鮮綠。

魚蒸好取出，湯汁倒瓷碗中。熱油，將湯汁倒進鐵鍋，加雙色醬油，滾開。蒸魚撒上蔥花，淋上醬汁。

起油鍋，轉中小火，蒜頭、辣椒爆香，加水，加調味料，下芥藍花，加水，轉大火爆炒，加鬼頭刀干貝醬，熗米酒頭，起鍋。酸菜白肉鍋是昨天的剩菜，加兩顆海瑞魚丸，一紮冬粉。蘸料是四平小館腐乳醬為底調製而成，亦可以用來蘸小芋頭，平常吃芋子仔我會蘸醬油。

取幾顆小芋頭置青花盤中，清蒸金雞母魚，芥藍花炒鬼頭刀干貝醬，南瓜盅和小芋頭，半桌子菜餚看起來琳瑯滿目，其實只炒了一道菜，晚餐也就很豐滿了。

絲瓜大補帖

臺灣幾乎一年四季均可見絲瓜身影，作法簡單又多樣，是許多人家裡餐桌上的好朋友。

在電腦程式版權觀念非如今日嚴格的年代，許多電腦使用者大概都用過大補帖，即一張光碟裡拷貝了作業系統、文書軟體、修圖軟體，各種電腦APP程式，在買新電腦或重裝軟體時，從光碟機將這些程式裝進電腦硬碟使用，一般稱這個動作為灌軟體或重灌電腦。我從一九九〇年起使用電腦寫作，當然多多少少使用過大補帖。大補帖與時俱進，新世紀以後的大補帖以外接硬碟取代光碟，2T容量的外接硬碟，APP要裝多少有多少，成為名符其實的大補帖。

二〇一〇年代以後，電腦使用者具備較完整的版權觀念，所使用作業系統、文書軟體、修圖軟體和各種APP，普遍使用正版軟體，加上各種 OS和 APP時不時需要重新驗證，盜版軟體收斂許多。偶然想起使用大補帖的年代，還真是時代的眼淚。

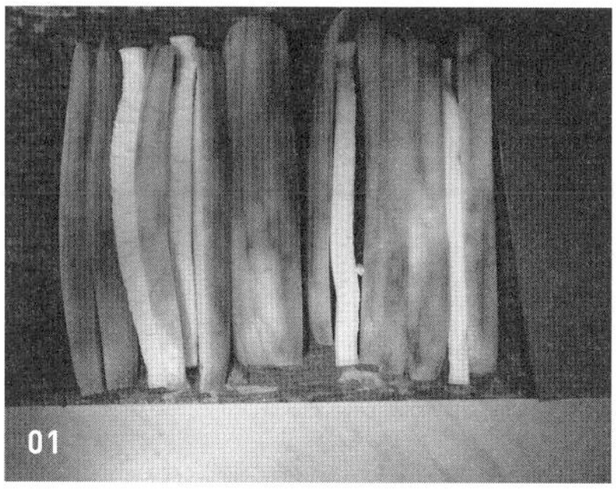

直切的絲瓜。

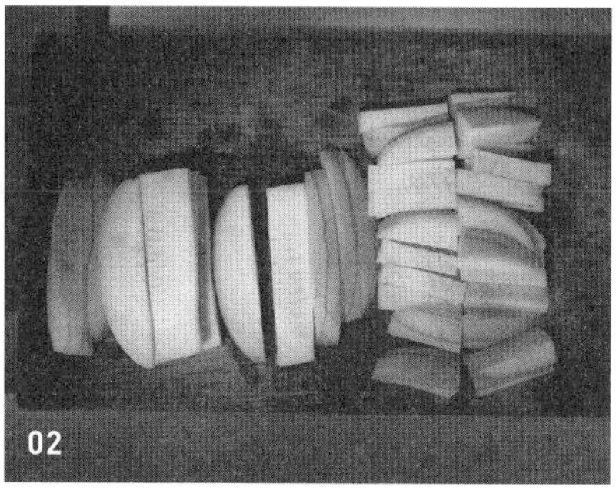

切成長條的絲瓜，再切成食指兩節長度。

但我要談的不是電腦大補帖，而是歡喜來煮食。冬吃蘿蔔夏吃瓜，夏天真是吃瓜的季節，我說的當然不是中國流行語的吃瓜群眾，而是真正的瓜果。從春夏之交到入秋，臺灣夏天的各種瓜類真是琳瑯滿目，從比較偏向水果類的西瓜、香瓜、哈密瓜，到餐桌上的絲瓜、瓠瓜、刺瓜、苦瓜、櫛瓜，瓜瓜相連到天邊。

絲瓜可能是許多家庭餐桌上最常見的瓜類，而且臺灣幾乎一年四季均可見絲瓜身影，雖然亦有旺淡季。加上絲瓜作法簡單又多樣，是許多人家裡餐桌上的好朋友。

一般家裡最常見的應該是蛤蜊絲瓜，切好絲瓜，薑絲、蔥白爆香（喜歡吃辣的可以加上朝天椒和大紅椒），加點兒水，下鹽和調味料，絲瓜下鍋，轉大火，加上蛤蜊，蓋上鍋蓋燜煮兩三分鐘，打開鍋蓋，下蔥綠，熗料酒，隨意炒炒都很好吃。

絲瓜常見切法有兩種，一種是婆婆媽媽常用的橫切，絲瓜刨皮後（我喜歡用刨刀輕刨，留青），縱剖兩半，順著瓜身切成約指幅寬的半月形橫片；一種是餐館廚師喜歡的直切法，絲瓜刨皮後，第一刀和橫切一樣，縱剖兩半，每一半切成四到六長條，中間瓜囊較厚的部分再分切成兩條。蓋瓜囊易出水，如果希望炒出來的絲瓜湯汁不要太多，可以去掉幾條白色瓜囊，炒出來的絲瓜比較不會那麼湯湯水水。切成長條的絲瓜，再切成食指兩節長度，呈長條狀，炒出來的絲瓜綠皮多，擺盤時顏色好看，吃起來口感較脆。橫切的絲瓜因為囊比較厚，無法像直切般去除瓜囊條，擺盤時白多綠少，感覺不那麼好看，而且出水較多，炒出來的絲瓜容易湯湯水水。

絲瓜油條是木柵成家小館的名菜，雖然大部分人是為了他家的酸菜白肉鍋而去，但我喜歡成家小館的絲瓜油條、賽螃蟹和東坡肉。半條油炸鬼剝開，切食指一節長度，進烤箱烤三分鐘，鋪於盤底，將炒好的絲瓜覆蓋其上，一盤好食的絲瓜油條就上桌了。

金沙絲瓜源自金沙苦瓜，金沙苦瓜來自客家菜鹹蛋苦瓜。將蛋白、蛋黃混切小丁下鍋炒香，再下汆燙過或過好油之苦瓜，即為鹹蛋苦瓜。將蛋白、蛋黃分別剁成泥狀，先炒蛋白，再下汆燙過或過好油之苦瓜，再炒蛋黃，蛋黃裹在苦瓜上，即為金沙苦瓜，金沙絲瓜蓋師其意。做金沙絲瓜有兩種方式，一種絲瓜不過油直接生炒，另一種是絲瓜先過油再炒（絲瓜過油以直切為佳），湯汁會保留在裡面，吃起來口感較佳。風險是油多，對講求清淡吃的現代人來說，似乎感覺不那麼養生。苦瓜直接生炒是曹銘宗學長說的腰瘦好吃，過油則是夭壽好吃。

干貝絲瓜亦有兩式，即過油和生炒，與金沙苦瓜類近，惟手路有別。在一家餐廳吃到瑤柱絲瓜，小小一碗，三片絲瓜泡在干貝湯汁裡，口感極細潤，揣摩著試做瑤柱絲瓜。

干貝泡水十分鐘，蒸二十分鐘，取出備用。我喜歡將買來的干貝全部一次蒸好，裝在玻璃小保鮮盒，放在冷凍櫃備用，省得每次用時蒸起來費事。

生炒干貝絲瓜，手路同蛤蜊絲瓜。絲瓜直切，取出四顆蒸好的干貝，捻開剝絲備用。薑絲、蔥白爆香，加點兒水，下鹽和調味料，絲瓜下鍋，轉大火快炒，拋鍋，轉中小火，燜煮兩三分鐘，小拋鍋翻面，加上事前蒸好的干貝，下蔥綠，熗米酒頭酒，起鍋。

瑤柱絲瓜是用淋的，與干貝絲瓜用炒的不同。半條絲瓜去皮，直切。起油鍋，油溫一百五十度，絲瓜過油三分鐘，置盤中備用。

取出四顆蒸好的干貝，捻開剝絲備用。起油鍋，轉中小火，薑絲、蔥白爆香，下冰糖、雙色醬油，加蠔油，轉中大火，以地瓜粉小勾芡，下蔥綠，熗紹興酒，起鍋，澆淋到瓷盤過好油的絲瓜上。

絲瓜入菜，豐儉由人；絲瓜冬粉可以是湯、是菜、是飯，一碗絲瓜冬粉（麵線）就是一餐。蛤蜊絲瓜、油條絲瓜、干貝絲瓜、瑤柱絲瓜、絲瓜炒蝦仁（金鉤蝦、蝦皮），絲瓜炒洋蔥、客家菜尚有絲瓜炒七櫞茶，均清淡好食。這些辛香料或食材均為家中常備，冰箱裡總有其中幾樣，隨手做得。

瓜果菜蔬，絲瓜大補帖為餐桌添佳餚，簡單好食。

03 絲瓜油條。04 蛤蜊絲瓜。05 金沙絲瓜。06 蟹肉棒炒絲瓜。

一鍋冬筍湯，幾多心頭爽

以指甲掐筍，刺入者為嫩，無法掐入者為老。嫩的先吃，老的可存放兩週。

杜甫〈詠春筍〉：「無數春筍滿林生，柴門密掩斷行人。會須上番看成竹，客至從嗔不出迎。」描繪雨後春筍勃發，主人不迎客之心情。但對孟宗竹林主人而言，春筍價值遠遜冬筍，冬筍方為竹林主人生計所託。

近幾年南投、雲林山上孟宗竹林雨水不足，冬筍產量驟減，價格節節高，成為名符其實的黑金筍。印象裡二〇二〇年宜蘭三星蔥因產量少，一棵賣到十塊錢，有人謂之曰金蔥。連續數年，雨水不足，冬筍年年減產，尤為其甚。癸卯春節前，一斤冬筍索價五、六百元，為了圍爐有一鍋熱騰騰的醃篤鮮，忍痛買了兩小條，不足一斤，花費四百多塊，燉一鍋醃篤鮮。

用冬筍做醃篤鮮，口感硬是與麻竹筍或烏殼綠有別，其特殊香氣爽脆口感，令人齒頰留香。臺北有幾家江浙菜館子以醃篤鮮名世，既列菜單，理應四季供應，不知春夏秋三季餐館如何取得冬筍。我不常在館子吃飯，也不會每次都點這道湯，無法確定其用料；或許跟我一樣，改用綠竹筍、痲竹筍或烏殼綠。

開春以後，竹林女俠為我寄來一箱冬筍，有如久旱逢甘霖，忽然成為冬筍大富翁。二〇二〇年以後，印象裡僅買過幾次冬筍，有時是太貴買不下手，有時是菜攤未見蹤影。菜攤老闆的說法無非大市場缺貨，或價格太高不敢批貨，怕賣不出去。冬筍減產價高，買菜煮飯工作者固乏好筍，竹林主人尤為最大受害者。

木新傳統市場我常買菜的一家菜攤，有一回我忍不住跟老闆抱怨菜攤上的蔥蒜和葉菜又醜又貴。顧攤阿伯說了一句深富哲理的話：「菜愈醜愈貴，愈漂亮愈便宜。」菜蔬盛產，菜色鮮嫩漂亮，卻因盛產價格起不來；食蔬缺貨，葉菜瘦瘠色黃，價格卻節節高升。我買菜的基本原則是選當市蔬食，四時行焉，百物生焉，什麼菜當市就買什麼。至於連續幾年收成非佳的冬筍，就真的莫可如何了。

竹林女俠傳訊曰：「希望雨水快來，竹林太乾，筍子都在土裡不肯出來。以前人工找要十幾天，現在用吹葉機找完一遍僅需兩三天，早上這一片找不到二十支，懷疑人生中。」傳來的照片和影片，感覺竹林無涯無涘，冬筍卻是屈指可數。筍農之甘苦，殊難言矣！

孟宗竹筍以節氣立春分界，立春前為冬筍，筍殼黃澄澄，絨毛黑黝黝，口感清脆、纖維細嫩，市場價值高，名曰黑金。主要產季為十一月到二月。春分後所生之筍名曰春筍，外殼黑褐色，絨毛如針刺，生長速度快於冬筍，即〈臺東人〉歌詞「竹筍離土目目柯」，纖維較粗，適合加工筍乾及罐頭，主要產季為三月至五月。冬筍價如金，春筍價如土，宛如《茶金歲月》之「茶金茶土茶狗屎」，尚幸只是筍金筍土，曬成筍乾還是可以的，只是價格遠不若冬筍。俗諺云「鳳姊雀妹」，冬筍與春筍差近乎是。

收到冬筍後先分類整理，以指甲掐筍，刺入者為嫩，無法掐入者為老，竹林女俠云嫩的先吃，老的可存放兩週。依竹筍大小，兩條或三條一組，用練過字的書畫紙包裹，再套上塑膠袋，置冰箱冷藏室。

忽然成為冬筍大富翁，腦子裡立馬浮現竹筍雞、醃篤鮮、竹筍排骨湯，於是土鍋蠢蠢欲動。中臺灣是竹筍重要產地，有一道名菜魷魚竹筍排骨湯，滋味不下於北臺灣酒家菜魷魚螺肉蒜。既然收到一大箱冬筍，當然要先燉一鍋魷魚冬筍排骨湯。

檢點家中食材，乾魷魚、子排、豬腳、乾香菇都現成，於是到木新傳統市場買幾根蒜苗。

剪半條魷魚，烤箱預熱五分鐘，烤十分鐘，取出，橫紋剪粗條。乾香菇泡水，排骨退冰，切好備用。冬筍從粗細分界處切開，近根部對剖，切片，厚零點二公分；近筍茸處直接切片，筍茸直切。蒜苗切開白綠交界處，蒜白用菜刀拍軟，切滾刀；蒜青斜刀，蒜白、蒜青分置。土鍋裝水，水滾，放入冬筍，加入魷魚、蒜青。鐵鍋起油鍋，大蒜爆香，薑片煎至焦黃，加點麻油，下排骨、豬腳，炒至無血水；加入蒜白，乾香菇炒香，移入滾煮筍片的土鍋。諸事齊備，燉煮半小時，下調味料，加料酒，繼續燉煮半小時關火。冬筍燉煮時間最少要超過一小時，始得其鮮脆之風味。

不加魷魚，子排換成排骨，冬筍換成麻竹筍或烏殼綠，即黑白切小吃店常見之竹筍排骨湯。飲食之道，豐儉由人，平民版的竹筍排骨湯，我常配一碗魯肉飯，同樣大快朵頤，食得一頓飽。

冬筍湯第二鍋，將遠處星光化為近處的燈火，檢點家中食材做一鍋醃篤鮮。雖然嚴格地說醃篤鮮非鮮筍湯，其基本食材為鮮筍、乾筍（扁尖筍）、鮮肉（五花肉）、醃肉（金華火腿）。平民版的醃篤鮮可用筍乾取代扁尖筍，以家鄉肉代替金華火腿，味道固有別，然亦差相彷彿。金華火腿、五花肉、扁尖筍、高湯，屬家中常備食材。前幾日做雪菜百頁，買了半斤百頁，用了六朵，剩下的在冷凍櫃，適巧趕上趟，在菜攤買了把青江菜，就諸事齊備了。

魷魚竹筍排骨湯。

醃篤鮮。

鐵鍋、土鍋煮水，春筍剝殼去皮切片。水滾，投入筍片。五花肉切小方條，鐵鍋汆燙，投入土鍋。冷凍櫃取出豬大骨熬的高湯倒入，扁尖筍泡軟對切，火腿切條，薑片，陸續下鍋。取蔥三根，去頭尾，整根結草銜環，投入鍋裡。蔥不耐煮，我做湯時習慣整根蔥打結，可稍耐煮些，喝湯時直接用筷子夾掉，免得不吃蔥的人，一邊喝湯一邊挑掉蔥段，殊甚倨傖。食材下鍋，大火滾開後轉小火慢篤。醃篤鮮之篤為上海話，即小火慢燉之意也。燉煮半小時，投入百頁結，因金華火腿和扁尖筍甚鹹，我一般不再加油，不加鹽；再燉煮半小時，起鍋前熗點兒紹興酒。

有一回友人相約在著名私廚聚餐，老闆娘云師傅做醃篤鮮，從早上熬高湯起，到下午開煮，晚餐客人上桌，費時數小時。一般家裡煮食，先熬好高湯備用，約一個多小時上桌，宜屬合理範圍。因青江菜易黃，我習慣鐵鍋煮水，先汆燙備用，醃篤鮮上桌時加入。

藝術圖書公司何恭上是圖書編輯老前輩，與我為忘年交，同屬海陸客家，常時餽贈客家食材，老菜脯、水鹹菜、鹹菜、鹹菜乾、桔醬，各種客家醃漬與醬酢。長者賜，不敢辭，卻之不恭，受之有愧。客家餐館最常見者為福菜肉片湯或福菜排骨湯，福菜即客家人之鹹菜也；鹹菜鴨湯則非客家專屬，臺菜和外省菜均普見之。因乾脯箱中尚存何公所贈鹹菜，於是從鹹菜鴨啟發，做一道鹹菜鴨冬筍湯。一般做酸菜鴨以水鹹菜（即酸菜）為正宗，沒有水鹹菜時可以福菜（鹹菜代之），但用鹹菜乾就會感覺怪怪的；梅干扣肉以梅干菜（鹹菜乾）為正統，沒有鹹菜乾時亦可用鹹菜代替，但用水鹹菜味道會跑掉；故爾鹹菜是覆菜（芥菜）前世今生中，使用最普遍者。

取兩片鹹菜切段備用，冬筍切片，帶骨鴨胸肉並鴨翅切小塊，用全蛋液醃十分鐘。豬腳切小塊，薑切片，蒜頭去皮切小丁，蔥打結，包心白菜對撕備用。

土鍋燒水，水滾，投入冬筍，加入鹹菜、蒜頭、蔥結。鐵鍋起油鍋，薑片炒至焦黃，加一湯匙麻油炒帶骨鴨胸肉和豬腳，至顏色轉白，移入土鍋。原本擬加入高湯，因冬筍須燉煮一小時以上，改用豬腳，用以增加膠原蛋白並添香氣。鍋內加鹽和調味料，鋪上包心白菜，轉小火燉煮五十分鐘，加料酒，關火。

酸菜鴨冬筍湯可視為酸菜鴨之變形，亦可視為冬筍雞湯之變形，即冬筍雞湯將雞換成鴨，再加上酸菜；冬筍雞湯可加酸菜，變成酸菜冬筍雞湯。煮食並非一成不變，換一種食材，或加一兩種配料，即可做出不同的湯品。

竹筍雞是常見湯品，加入香菇即成香菇竹筍雞湯；香菇雞湯加入竹筍，也是香菇竹筍雞湯；以冬筍入菜則是香菇冬筍雞湯。我有時會借用江浙菜金華火腿燉雞湯加白菜之例，在香

03 鹹菜冬筍鴨湯。04 酸菜冬筍烏骨雞湯。

菇冬筍雞湯加入包心白菜。金華火腿燉雞湯是銀翼餐廳和驥園名菜，驥園雞湯可另外付費加白菜。

香菇之外，紅棗、枸杞亦為雞湯常用配料，我還喜歡泰雅族的馬告（山胡椒）。漢醫用藥之理有謂君臣佐使，煮食亦然。熟悉食材本質，以及醬酢料特性，只要彼此不違和，煮食即可從心所欲；香菇、馬告、紅棗、枸杞，包心白菜、高麗菜，或加其一，或其中數種，神明變化，存乎一心。

國中同學范姜美玉從後山嫁到桃園，在新屋鄉間屋後有一座菜園，種些蔬果，養些雞鴨。國中畢業四十年同學會重逢，知我喜煮食，偶寄所種蔬果或自家養的走路雞為我添菜。二〇二三年春節寄來所飼烏骨雞一隻，特別說明：「市售的雞都養兩三個月速成雞就殺了，腥味比較重，我不喜歡，自己養的都超過七個月以上，肉質鮮美，尤其煮雞湯，清香可口更好喝。老家後院是我的開心農場，此前蛋荒我自己養十隻蛋雞，每天去撿拾雞蛋，除自己吃還可分享給女兒們。」感覺生活過得很富足，我亦就欣然受之。寫字班學生童曦傳信云：「朋友家裡自製的客家酸菜剛做好，我想送給您吃，請老師把送貨地址給我。」於是給了地址、電話，今日下課，青使巧至，於是收到一棵剛醃好的新鮮水鹹菜。

二〇二三年春節前在木新路上一家廣式燒臘買晚餐，因下午、晚上都有課，中間做飯、收拾，時間過於窘迫，故此買個三寶飯，省時省事。在櫃檯等候時，見師傅手握鐵背鋼刀，切肉、剁雞如行雲流水，看得我兩眼發直。請教師傅所用何刀？師傅云文武刀，我問哪兒買的，師傅說託人購自環南市場刀具行，於是我央請師傅為我帶一把。我留下聯絡電話，隔了一段時間未有消息。

某日再度前往詢問，師傅說手機號碼記錯，聯絡不上我，邊說邊從架上取出一把生鐵背鋼刃刀給我，刀身蝕刻九江刀。師傅說這把是臺灣做的，刀身比較粗糙。我用左手食指試了試刀刃，鋒口倒很鋒利。我問師傅用的是哪一把，師傅從正在切燒臘的小徒弟手上拿過刀，說明港刀和臺灣刀之別。我對臺灣刀沒有成見，但信任專家，於是請師傅為我調一把港刀。拖延了一段時間，今日下午上課時手機接到來電，陌生號碼，上課時間不便接，對方改傳訊云刀子到了。於是下課泅完水後，轉屋路上經燒臘店時，停車取刀，刀身上蝕刻一號，上網查詢乃九江刀一號。網路另有文武刀型號，即九江刀和文武刀各有一、二、三號，刀形相似，但應屬不同刀制。我問師傅需要磨嗎？師傅說可以直接用，等鈍了再磨就可以。但我轉屋後，仍重新磨過刀鋒，並稍事整理。

前幾日竹林女俠寄來冬筍，今日收到學生寄的水鹹菜，於是用剛入荷的一號九江刀切剁烏骨雞。頭尾切下，和雞雜裝一袋；卸下兩隻大雞腿，各裝一袋；雞胸分切四塊。一隻烏骨雞切成七份，分七次煮食。我一般買雞亦請店家如此處理，方便煮食取用。

剝一大一小兩條冬筍，切片零點二公分；取兩條水鹹菜，切小段；烏骨雞腿剁小塊，用全蛋液醃十分鐘；豬腳切小塊，薑切片，蒜頭去皮，蔥打結，包心白菜對撕備用；自己做冬筍雞湯可依食材、配料之有無變化，我決定加入香菇，做成香菇冬筍雞湯，並以豬腳帶香。

土鍋煮水，冷水投人冬筍片、蒜頭、蔥結、水鹹菜，隨手下鍋，六朵日月潭鈕釦香菇和水同下。

05 將香菇冬筍烏骨雞湯中的高麗菜撈出，當成一道菜。

鐵鍋起油鍋，薑片爆香，炒到略黃，加些許麻油，炒帶骨雞塊和豬腳，至雞塊、豬腳變色斷血水，移入土鍋，下鹽和調味料，鋪上包心白菜，蓋上鍋蓋，小火慢燉。

燉煮約一小時，燉煮湯品有時我會拍幾粒馬告添香，或用客家人煮湯習慣以芹菜珠帶香。今天想保留冬筍之香氣，且配料已甚豐滿，不再另加香料，亦未加煮雞湯常用之紅棗和枸杞，呈現鹹菜冬筍雞湯食材之色香味。於是下料酒，關火。

最後一大一小兩條冬筍決定做香菇冬筍雞湯，加高麗菜葉；烏骨雞腿剁小塊，用全蛋液醃十分鐘；豬腳切小塊，薑切片，蒜頭去皮，蔥打結，學原住民煮雞湯之法，高麗菜全葉鋪湯鍋。土鍋煮水，水滾，投人冬筍片、蒜頭、蔥結，隨手下鍋，六顆紅棗、六朵日月潭鈕釦香菇，並水同下。鐵鍋起油鍋，薑片爆香，炒到略黃，加些許麻油，炒帶骨雞塊和豬腳，至雞塊、豬腳變色斷血水，移入土鍋，下鹽和調味料，鋪上高麗菜葉，蓋上鍋蓋，小火慢燉一小時，熗米酒頭，關火。

冬筍、烏骨雞、水鹹菜都新鮮，一鍋香醇鮮美的鹹菜冬筍雞湯上桌，抵擋連日來的春雨霖霖。

魷魚冬筍子排湯、醃篤鮮、鹹菜冬筍鴨湯、鹹菜冬筍雞湯、香菇冬筍雞湯，溫暖花甲老翁身心，一鍋冬筍湯，幾多心頭爽。

木鼈果雞湯，山珍配海味

木鼈果為原住民吃食，僅在臺北烏來和臺東看過，一般餐館甚少以此果入菜。

買水果時，見架上有木鼈果，紅豔豔的，煞是討喜，問了店主人，價格尚為合理，隨手帶了一顆。

木鼈果為原住民吃食，僅在臺北烏來和臺東看過，一般餐館甚少以此果入菜。烏來老街常見販售，價格略昂，買不下手。烏來小吃店有以此煮湯者，屏東、臺東則有打成果汁或入菜者，蔬果兩相宜。臺東一般餐館鮮見以木鼈果入菜，要到阿美風味餐館才得見。

近年盛行花東旅遊，後山吃食能見度提高，舉其要者如阿美巴吉魯小魚干湯（小魚干排骨湯）、蘭嶼飛魚干，木鼈果亦為其中之一，據報導臺東縣政府正努力推廣。近年巴吉魯價格水漲船高，應是到東部旅行者嘗其美味後，返家時順道帶兩顆。每年七、八月間，我會請花蓮友人買幾顆，回味與阿美族人一起慶祝豐年祭的滋味。木鼈果產自臺東，雖同屬後山，惟非花蓮人吃食。

買回的木鼈果不大，約莫一斤，適可煮一鍋雞湯。木鼈果縱剖，用阿媽牌湯匙取出紅色種子，置大碗中備用。果肉用湯匙取下，保留大塊，口感較佳。木鼈果的黑色種子有毒，不能食用，精華是籽膜，用濾網加水搓洗籽膜，取其湯汁備用，黑色種子廢棄。本擬將木鼈果當苦瓜用，做木鼈果鳳梨雞湯，後來覺得還是做純木鼈果雞湯，比較能體會原始風味之美。取六顆鈕釦香菇，六顆紅棗，枸杞適量。薑切片，蔥打結，蒜頭切大丁。雞腿一隻，退冰，切大塊備用。

木鼈果種子的使用與苦瓜有別，苦瓜籽是去膜留籽，成熟的苦瓜籽入菜香氣濃郁，不論做鹹蛋苦瓜、鳳梨苦瓜雞湯、苦瓜排骨湯或苦瓜小魚干湯，加入成熟的苦瓜籽皆可添增香氣。木鼈果則黑色種子有毒，不能食用，其精華是籽膜含豐富茄紅素，故爾留膜去籽。

土鍋煮水，鐵鍋起油鍋，蒜薑爆香，加點胡麻油，下帶骨雞腿肉炒至無血水近熟，移入土鍋。蔥結、香菇、紅棗、枸杞依序入鍋，燉煮二十分鐘，下木鼈果，加鹽和調味料，繼續燉煮三十分鐘，熗米酒頭，關火。

到木新傳統市場買菜時，經過魚攤，見有海瓜子，尚為新鮮，買了半斤。海瓜子泡水二十分鐘，濾掉浸泡水，洗淨備用。薑切絲，蔥切段，小辣椒切圈，大紅椒斜刀，黑柿番茄切片。我喜歡黑柿番茄多於牛番茄，牛番茄只能入菜，黑柿番茄可當水果吃，但近年價格節節高。起油鍋，薑絲、蔥白爆香，加水，加調味料，下海瓜子，加水，大火爆炒，小拋鍋三回，下番茄，略炒，下蔥綠、七椽茶，熗米酒頭，起鍋。

空心菜切段，蒜頭去皮切小丁，鐵鍋煮水，水滾，空心菜氽燙兩分鐘，取出備用。起油鍋，蒜頭爆香，加水，下調味料，下櫻花蝦，加水，下空心菜，略炒，下蝦醬，小拋鍋三回，熗米酒頭，起鍋。

紅豔豔的木鼈果雞湯，感覺喜氣洋洋。湯汁帶點兒酸甘甜，其酸不若番茄重，比較節制，果肉口感綿密，有類水梨入菜，果香濃郁。蝦醬空心菜、番茄炒海瓜子，加上昨天的剩菜蔥爆豆腐花生，海空缺陸，根莖葉果沒有花，山珍加海味，三菜一湯食飽飽。

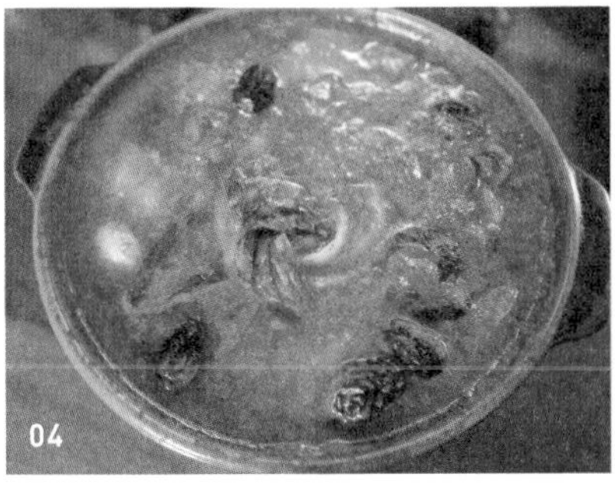

01 剖開的木鼈果。02 木鼈果縱剖，取出紅色種子，置大碗中備用，果肉則用湯匙取下。03 木鼈果的黑色種子有毒，不能食用。04 木鼈果雞湯。05 番茄炒海瓜子。

烏魚季，各種吃

我彷彿聽見鍋鏟的聲音，鍋裡的油滋滋滾著，空氣裡飄動著烏魚的味道。

冬天是烏魚的季節，烏魚子、烏魚殼、烏魚胗、烏魚膘，很少有魚種可食用的部分這麼多，可謂一身是寶。

收到友人寄來兩片烏魚子，這麼名貴的食材，心裡覺著真是過意不去。印象裡我好像只買過一次烏魚子，其餘皆友人所贈，想係友人知我乞食講堂，收入寒傖，故爾寄些好物祭我五臟廟。一片上千元的烏魚子，加上各種考究再往上加，還真有點捨不得下手。還曆以後，時覺歲月于邁，吃飽睡好是人生第一要義，買點兒高價食材，罪惡感似乎亦不若昔往那般強烈。雖然如此，烏魚子仍屬高貴食材，一時捨不得吃，等過年再用高粱酒火烤加菜。

一般吃烏魚子大都用烤，無論用烤箱或明火，我喜歡將烏魚子浸泡金門高粱，再在盤底倒些酒，以紙為媒點火，用料理夾夾著烏魚子四面翻烤。有人不喜歡金門高粱的味道，用威士忌亦可。我沒試過白蘭地，以酒精純度而言，想來亦當可行。用炭火或烤箱，感覺總少那麼一點味道。配食烏魚子可用白蘿蔔切片，蘋果、水梨亦佳，如人飲水，各出機杼。

一位家裡從事魚業養殖的友人，有一回跟我說道：烏魚子是賣給你們的，我們吃烏魚殼和烏魚膘就好。未知是否實情，心裡總有幾分說不出來的苦澀。我出身農家，很能體會耕種人家的勞苦，魚業養殖起早趕晚，想亦是備極辛勞。

友人說烏石港的烏魚殼味道最佳，我沒這麼考究，買到哪裡的都行。烏魚殼是特別的稱謂，一般我們說魚食很少會加個殼字，烏魚因為是取下烏魚子或烏魚膘剩下來的魚身，於是有了特別的烏魚殼之名。試究其實，養殖烏魚目的就是為了烏魚子，蓋烏魚子一片上千元，一兩斤重的烏魚殼一尾一兩百元，其差距不可以道里計。

每年自秋徂冬屬烏魚季節，東北風吹起，魚業養殖業者望著水池裡的烏魚，期待著好年冬。烏魚收成時還真是一翻兩瞪眼，魚刀甫刺進烏魚肚，立馬見真章，黃色的肥美烏魚子價若黃金，白色的烏魚膘其價如土，猶似新竹茶葉歷經的茶金茶土茶狗屎。日本稱魚膘為白子，河豚白子為老饕爭食之上品；臺灣的烏魚白子價格低廉，是懂食者的好物。

每次上木新傳統市場採買，總忍不住踅到市場大門左側外邊巷子的魚攤，看看有什麼便宜好料可撿。魚攤原主人是個阿伯，但自我上市場以來，阿伯都坐在旁邊的靠背椅上吆喝，沒見過他老人家動手。真正當家的是兩個女兒，均已是阿姨輩，稱斤論兩殺魚，都是兩個阿姨料理；自二〇二〇年以後魚攤開啟網購，阿姨的女兒也加入行列，祖孫三代顧一魚攤，生意極為紅火。市場內另有幾個魚攤，市場外巷弄亦有數家魚攤，但價格差太多，我幾乎都向這家買。比較麻煩的是一斤以下的魚貨常論堆賣，買一次要吃幾個禮拜，家裡如果沒有冷凍櫃還真是消化不了。一般冰箱只有一個冷凍室，三、四條魚，一隻雞，兩斤肉就爆倉了。我常覺得冰箱設計很有問題，冷藏室空間是冷凍室的三、四倍大，非常不實用。

這天踅到魚攤，見有烏魚膘和烏魚殼，不免食指大動，一尾接近兩斤的烏魚殼索價一百八十元，一包烏魚膘三副（一副是兩條，即公烏魚之一對魚膘）賣一百元，可以煮三次。於是買了一尾烏魚和一包烏魚膘，烏魚殼頭尾煮湯，中段輪切，切了七塊。轉屋後烏魚膘分裝，兩條一副，剛好一次的量，置冷凍櫃備用。

黃春明小說《看海的日子》裡的年輕漁人阿榕，生吞了魚膘去找漁寮妓女白梅，也不知道吞的魚膘對不對。可惜我沒勇氣生吞魚膘，還是老老實實煮熟再吃。

烏魚膘用清水沖洗乾淨備用，用鐵鍋燒水，水滾，投入烏魚鰾，汆燙兩分鐘，置盤中備用。我打算先做蒜燒烏魚膘，有些食材適合青蔥，有些適合青蒜，烏魚殼和烏魚膘兩者都對味。蒜燒魚是南部常見的作法，即將紅燒魚或蔥燒魚的蔥換成蒜苗。

蒜白不易熟，蒜青不耐煮，滾刀切蒜白時先用刀身平拍，將蒜白拍軟，薑切片，大紅椒斜切。起油鍋，轉中火，薑片、大紅椒爆香，加水，加冰糖，投入汆燙過的烏魚膘，加深淺二色醬油，加米酒頭，轉大火燉煮三分鐘，下蒜青，熗烏醋，起鍋。

蒜燒烏魚膘口感接近豬腦，軟綿綿的，有人喜愛，有人不敢吃，嗜痂者或海畔逐臭之夫，殊難言矣！麻油烏魚膘食感靠近麻油雞佛，兩者據說都很補，真假無驗，不必盡信。

紅燒或蔥燒烏魚膘作法與蒜燒手路相類，將蒜苗換成青蔥即可，紅燒時青蔥放少些，蔥燒則多放些，燉煮時間需稍長。蔥綠、蔥白味道有別，蔥綠不耐煮，後下，蔥白與薑片、大紅椒一起爆香。

燒酒烏魚膘前置作業與蒜燒相同，配料改成麻油。起油鍋，轉中火，加一點兒麻油，薑片、大紅椒爆香，加適量米酒頭，加冰糖，投入汆燙好的烏魚膘，如果不想酒味太濃，可以酌量加水。燉煮約三分鐘，再加一次少量麻油，因麻油不耐煮故也。熗米酒頭，起鍋。蒜青可下可不下，起鍋後再鋪上，吃生的。

後來我又買到一次烏魚膘，這次老闆大放送，一大包賣兩百塊臺幣，回家打開整理時發現有九副，愛怎麼吃就怎麼吃，可以吃到過年，年夜飯甚至可以用來加菜。

烏魚殼可以香煎、紅燒、蔥燒、蒜燒，以及做麻油烏魚。除了前置作業有別，後製作與烏魚膘相類，神明變化，存乎一心。

因為買到的烏魚殼頗為壯碩，輪切七塊，煎的時候魚肉朝鍋，不必擔心破皮的問題，當牛排煎就好。香煎烏魚是常見魚鱔，我依例退冰後，以廚房厚餐巾紙吸乾魚身水分，用小油漆刷塗上薄薄一層全蛋液。起油鍋，油略多，油溫約至一百五十度，下魚，晃動鍋子，讓魚在鍋底滑動，游來游去，煎十秒鐘；小拋鍋翻面。轉中小火，蓋上鍋蓋，煎四到五分鐘，蓋因輪切肉較厚，煎魚需時稍長。小拋鍋換面，同樣煎四、五分鐘，起鍋。盤中先擠半顆檸檬汁，待煎好的烏魚置盤中，再擠剩下的半顆到魚身，這樣兩面都會有檸檬汁。小碟中置胡椒鹽，吃的時候自己沾。

蒜燒烏魚、麻油烏魚作法同烏魚膘，烏魚煎好後置盤中備用。做蒜燒烏魚時，轉中火，鍋底油直接用薑片、大紅椒爆香，加水，加冰糖，投入烏魚膘，加深淺二色醬油，加米酒頭，轉大火燉煮三分鐘，下蒜青，熗烏醋，起鍋。做麻油烏魚時，轉中火，鍋底油加一點麻油，薑片、大紅椒爆香，加適量米酒頭，加冰糖，投入煎好的烏魚，如果不想酒味太濃，可以酌量加水。燉煮約三分鐘，再加一次少量麻油，熗米酒頭，起鍋。蒜青可下可不下，起鍋後再鋪上，吃生的。

烏魚米粉是南部名菜，我用客家炒米粉的配方，將乾魷魚換成香煎烏魚，或亦是一種飲食文化的融合。

客家炒米粉配料與鹹粄圓類近，除了不加茼蒿；煮菜頭粄湯則與鹹粄圓配料相通，惟豐儉由人，加加減減，存乎一心。客家鹹粄圓和菜頭粄湯的基本配料如下：紅蔥頭、芹菜、韭菜、魷魚、香菇、胡蘿蔔、五花肉、金鉤蝦或蝦皮、茼蒿；客家炒米粉則去除茼蒿。五花肉切絲，剁兩片高麗菜，切片。拍三顆紅蔥頭，青蔥、韭菜切段，乾香菇泡水切絲，芹菜切珠。

煎好烏魚置盤中備用，轉中火，紅蔥頭爆香，五花肉煸油，加水，轉大火，胡蘿蔔、香菇、依序而下。鐵鍋第二次加水，加調味料，下韭菜、高麗菜，翻炒後下米粉，一小包米粉對一碗水，客家炒米粉較臺式米粉略濕（我指的是新竹炒法，各地客家炒法會略有差異），三度加水，適量，下煎好的烏魚，轉大火，煮三分鐘，下蔥段、芹菜珠，熗米酒頭，關火。

南部亦有烏魚芋頭米粉者，即烏魚米粉加芋頭，芋頭切片或大丁均可。澎湖著名的南瓜

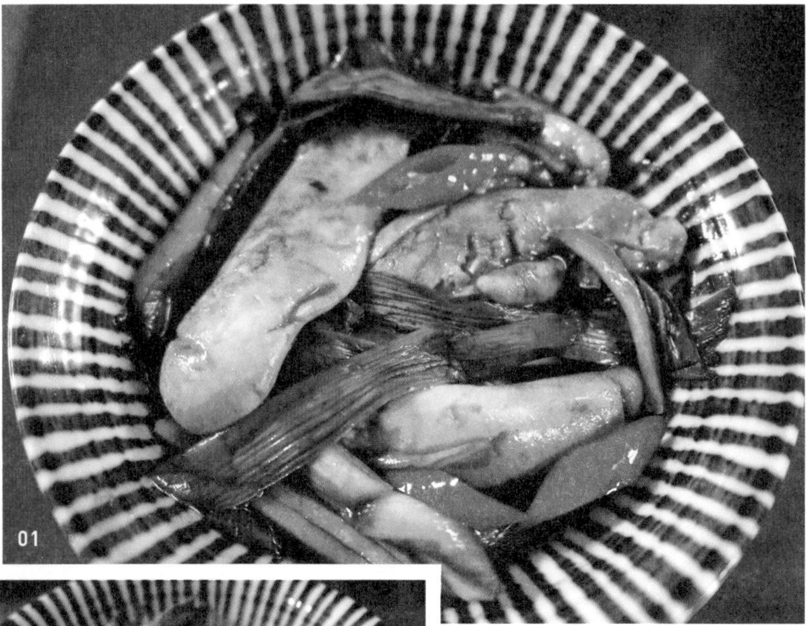

01

02

01 蒜燒烏魚膘。02 蒜燒烏魚。03 烏魚米粉裝在青花瓷碗公，準備大快朵頤。04 烤烏魚子，配食為蘋果和白蘿蔔。

03

04

米粉，則將芋頭換成南瓜丁。米粉人人會炒，各有巧妙不同。其中配料加加減減，有什麼加什麼，殊無定制。唯客家米粉例須有紅蔥頭和魷魚，其餘配料則神明變化，隨心所欲。

酥炸烏魚膘令人齒頰留香，惟烏魚膘個頭小，要很多烏魚膘才夠炸一盤，市場一般不易得見，部分餐館列入名菜。其作法有類蚵仔酥，烏魚膘醃好後，裹澱粉下油鍋炸，吃的時候蘸胡椒鹽。

烏魚的季節，老饕們食指大動，磨刀霍霍，我彷彿聽見鍋鏟的聲音，鍋裡的油滋滋滾著，空氣裡飄動著烏魚的味道。

自己切鮪魚刺身，佐無沙茶砂鍋魚頭

一鍋砂鍋魚頭，加上昨天的剩菜彩虹回鍋肉，拼湊一頓暖心暖胃的晚餐。

常買魚的魚攤通知有生食級黃鰭鮪魚，忍不住心動訂了一條。下課後到魚攤取魚，猶豫要輪切還是取清肉，取肉當然是為了切刺身，輪切可清蒸、香煎、紅燒，心裡掙扎了老半天。問老闆真的可以做刺身嗎？老闆毫不遲疑說確定可以，我就相信了。我常常想，我的耳根子真軟，很容易就相信人家。於是請老闆剁下頭尾，魚身部分從龍骨處切開，取出清肉，上下兩片。

轉屋忙著將魚頭清洗乾淨，放進冷凍櫃，蓋魚不宜離開冷凍櫃太久，晚餐準備做一道砂鍋魚頭。一般餐館做砂鍋魚頭習慣加沙茶醬，偏偏我不喜歡沙茶醬，又愛吃砂鍋魚頭，真是多事種芭蕉，風也瀟瀟，雨也瀟瀟。有很長一段時間，臺灣吃火鍋慣以沙茶醬當醬料，我一向敬謝不敏。一般吃火鍋我喜歡用蘿蔔泥加醋和醬油，吃酸菜白肉鍋則以腐乳醬為底調醬

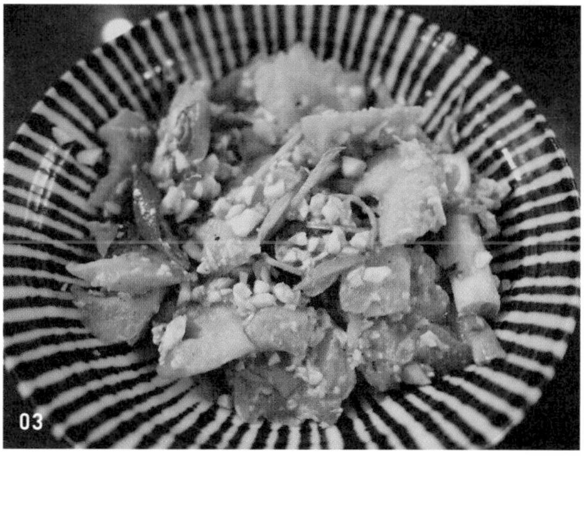

01 自己切刺身和蘿蔔絲。02 無沙茶砂鍋魚頭。03 金沙苦瓜。

料。可是吃砂鍋魚頭就真的一點辦法都沒有，大部分餐館直接用沙茶醬為底料，讓愛吃砂鍋魚頭而不喜歡沙茶醬的我常常很掙扎。好不容易在新烏路上老徐的店，吃到無沙茶醬砂鍋魚頭，於是簡單筆記配料，回家自己做。

我將魚清肉洗乾淨，用刺身刀剔去魚骨，魚清肉縱切成條，一尾鮪魚清肉分成四條，仔細切除魚皮，整理成長方形的清肉條，其中三條用包刺身的不織布包好，放進冷凍櫃的保麗龍盒裡，這個保麗龍盒是我平常用來放刺身的。留下一條鮪魚清肉，切成不太厚的刺身，但亦非日本式指甲片般的薄刺身。將刺身放進冷凍櫃冰十分鐘，再移到冷藏室熟成待食。用三號片肉刀卷刨蘿蔔為薄片，再轉刀切絲。我不喜歡用刨刀刨的蘿蔔絲，出水太多，影響口感。但我手邊並沒有日本料理店專門用來切蘿蔔絲的薄刀，也許該找個時間買一把。

剝四片包心白菜，薑切片，蔥切段，培根切片，剝幾顆蒜頭。冰箱沒有凍豆腐，加了豆皮和豆包。本來想加洋蔥，發現冰箱沒有，於是切半顆番茄，加一條蒜苗。

魚頭對剖，以米酒頭和鹽醃漬十分鐘 。用廚房餐巾紙吸去水分，塗上一層薄薄的全蛋液備用。

土鍋煮水，水滾，投入包心白菜、豆皮、豆包、蒜頭。鐵鍋起油鍋，鍋底油適量，開大火，油溫約一百五十度，魚頭下鍋後馬上晃動鍋子，讓魚頭在鍋底滑動，只要魚頭能滑來滑去，魚就不會沾鍋破皮。十秒鐘後翻面，因為熱鍋熱油，十秒鐘魚皮已煎熟，煎熟就不會破皮了；我習慣用小拋鍋翻面（故爾鍋底油亦不能太多），會噴，同樣煎十秒鐘，轉中小火，蓋上鍋蓋，煎三分鐘，其間約每分鐘晃動一下鍋子，只要魚能在鍋裡滑動，即可確認魚沒有沾鍋；翻面，煎三分鐘，魚頭煎赤赤，移入土鍋。直接用煎魚的鍋底油炒配料，薑片、蒜白、蔥白爆香，煸培根肉，炒香後移入土鍋，燉煮二十分鐘，下蒜綠、蔥綠、番茄，加鹽和調味料，下龍口紅標粉絲。再燉煮二十分鐘，熗米酒頭，關火。

趁燉煮砂鍋魚頭時，片苦瓜，蔥切段，薑切絲，鹹蛋分蛋黃、蛋白剁末，做一道金沙苦瓜。

一盤鮪魚刺身，一道金沙苦瓜，一鍋砂鍋魚頭，加上昨天的剩菜彩虹回鍋肉，三菜一湯拼湊一頓暖心暖胃的晚餐。

吃著來自花蓮的巴吉魯，
我彷彿聞到故鄉泥土的味道。
湯裡淡淡的梔子花香，
巴吉魯帶來後山滿滿的陽光。

卷四

唐山謠

豆瓣海吳郭加酒釀

養殖業者以海水養殖，名曰臺灣鯛，肉質極佳，且無土味，做水煮魚、豆瓣魚，頗愜我心。

豆瓣魚是川菜，緣於四川出一種淡水魚鱖魚，加上四川郫縣豆瓣醬，成就了名菜豆瓣鱖魚。臺灣大餐廳一般不做此菜，中小型餐館之豆瓣魚多用鯉魚，標準版是抱蛋母魚，也有用公魚的，感覺略次，較不受食客青睞。

一般市場魚攤鮮見鯉魚，餐館是向供應商特別訂。尋常人家沒那個勁兒專程跑濱江漁市，即以海吳郭魚代之。原本吳郭魚以淡水養殖，有時結合養豬，土味較重。其後養殖業者以海水養殖，名曰臺灣鯛，肉質極佳，且無土味，做水煮魚、豆瓣魚，頗愜我心。

從冷凍櫃取出海吳郭魚，火力百分之七十微波兩分鐘，以能下刀為度。雖然魚買回來時已清理好，我仍用舊牙刷略事清洗，用剔骨刀刻花，兩面各三刀。刻好花的海吳郭魚，用食鹽加料酒，倒上熱水，塗抹魚身解凍，醃漬十分鐘。用廚房餐巾紙吸去水分，塗上一層薄薄的全蛋液備用。醬料以四川郫縣豆瓣醬、臺灣陳年豆瓣醬加桂花甜酒釀調製備用。

起油鍋，鍋底油適量，開大火，油溫約一百五十度，魚下鍋後馬上晃動鍋子，讓魚身在鍋底滑動，十秒鐘後翻面，因為熱鍋熱油，十秒鐘魚皮已煎熟，煎熟就不會破皮了；我習慣用小拋鍋翻面（故爾鍋底油不能太多，會噴），同樣煎十秒鐘，轉中小火，蓋上鍋蓋，煎三分鐘，其間約每分鐘晃動一下鍋子，只要魚能在鍋裡滑動，即可確認沒有沾鍋；翻面，煎三分鐘，起鍋。

做後製加工魚（如紅燒、蔥燒）和香煎不同，因為香煎魚不再下鍋，必須一次煎熟。做後製加工魚則煎至七、八分熟即可，蓋後製時魚會再熟成。煎魚之油留鍋底，再加點兒油，轉大火，煎板豆腐，至顏色轉酥黃，移鍋邊，轉中小火，薑絲、辣椒、蒜白爆香，下紅燒醬（冰糖、深淺雙色醬油加紹興酒調成），下調好的豆瓣醬料，加點兒水，下煎好的海吳郭，下煉好的花椒油、白胡椒粉、些許蠔油，轉大火燉煮，用湯勺舀湯汁淋魚身，燉煮五分鐘，以玉米粉勾薄芡，下蔥綠，熗烏醋，起鍋，撒上蔥花。

雪翠高麗菜撕片，胡蘿蔔切細條，蒜切大丁，小紅椒切圈，大紅椒斜切。苦茶油起油鍋，蒜丁、辣椒爆香，加水，下胡蘿蔔略炒，下鹽和調味料，加水，下雪翠高麗菜，轉大火爆炒，拋鍋兩次，熗米酒頭，起鍋。我炒蔬食喜用陽光苦茶油，陽光基金會到東部山區輔導原住民砍掉檳榔樹，由陽光基金會出資契作種植苦茶樹，歷時五年，委金椿茶油工坊製作，目前已正常生產，是少數我信得過的臺灣苦茶油。雖然價格有點兒貴，但花甲老翁要寵愛自己，用點好油是應該的。

昨天剩半鍋香菇春筍雞湯，加兩片包心白菜回湯內。昨天的剩菜金沙苦瓜，加上今天做的豆瓣海吳郭和臺式高麗菜，三菜一湯食得一頓飽。

01 豆瓣海吳郭加酒釀。02 臺式高麗菜。

神明變化粉絲煲

一般粉絲煲食譜多用沙茶醬，偶然的意外，發現做粉絲煲可以用糯米椒醬代替，喜何如之。

還有什麼比吃得一頓飽更重要呢？菜刀鏗鏘響，鐵鍋正熱，做一道鮮蝦粉絲煲。

粉絲煲是一道易做好食的菜，一般中小型江浙館子都有，自己在家做也簡單方便。餐館最常見的是鮮蝦粉絲煲、螃蟹粉絲煲；依食材變化，茄子肥腸粉絲煲、嫩雞茄子粉絲煲、牛腩粉絲煲、牛肉粉絲煲，亦隨手可做。

四隻白蝦（視蝦子大小與吃飯人數而定）微波解凍一分

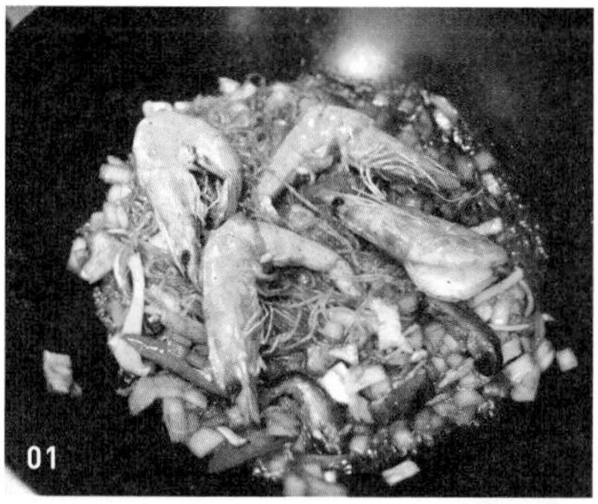

01 配料加入炒好的白蝦。02 將鮮蝦粉絲煲移入土鍋燉煮。

鐘，用小魚刀剖背，順道去除腸泥。因為蝦子要剖背，我一般不先抽腸泥，而是剖背時一併處理，先抽腸泥當然也沒問題。半顆洋蔥切丁，六朵鈕釦香菇泡水備用（大朵香菇切片亦可，我自己比較喜歡鈕釦香菇），燻焙根肉切細條，蔥切段，蒜切丁，薑切絲，小紅椒切圈，大紅椒斜切（不喜辣者可不加），龍口紅標粉絲兩小包泡水（做粉絲煲不要買龍口綠標純綠豆粉絲，不易煮軟，純綠豆粉絲是吃火鍋用），兩小匙糯米椒醬。

一般粉絲煲食譜多用沙茶醬，我初學此菜時亦然。有一回做牛肉粉絲煲，備料時發現家裡沙茶醬用完了，懶得下樓到雜糧行買，而且緩不濟急，冰箱適有國中同學范姜美玉送的自製糯米椒醬，於是隨手挖兩小匙，用以取代沙茶醬，居然大為成功。我因不喜歡沙茶醬的味道，吃火鍋時蘸醬從不加。偶然的意外，發現做粉絲煲可以用糯米椒醬代替，喜何如之。後來我做粉絲煲時都用糯米椒醬，糯米椒醬用完後還厚顏向同學要了一罐，省省著用。後來讀到曾齡儀《沙茶：戰後潮汕移民與臺灣飲食變遷》，發現很多菜需要用到沙茶醬，完全不用沙茶醬有些菜做不了，我想我應該練習吃點兒沙茶醬，煮食菜式才會更寬廣。

順道提一下我吃綠涼筍習慣蘸醬油或芥末，蓋不喜美乃滋之故也。其後讀到嘉義人吃很多食物都加白醋（即美乃滋），覺得自己不吃美乃滋似乎很難和嘉義人當朋友，於是學著吃白醋。就像臺南人愛吃甜，飲食文化自成一格，不吃甜很難和臺南人一塊兒吃飯。

起油鍋，先炒蝦子備用。重新起鍋，薑蒜辣椒爆香，下洋蔥略炒，下培根肉、香菇，下糯米椒醬，加一小碗水，轉中大火爆炒。下冰糖，加一碗水，雙色醬油，加一點米酒頭，加水，滴些李錦記蠔油（選項，可加可不加）爆炒，撒點白胡椒粉和花椒粉（選項），拋鍋，將熟時下粉絲，翻炒，拋鍋，轉大火，下已炒好的蝦子。拋鍋幾番，下鍋邊醋。右爐原本用來熱湯的土鍋已先上桌，換置另一土鍋，加紅燒醬預熱，將鐵鍋粉絲煲移入土鍋，燉煮十分鐘，熗烏醋，關火。不移到砂鍋，直接在鐵鍋上燉煮亦可。但因鐵鍋接著要炒菜，一般我會移到砂鍋燉煮。

牛腩粉絲煲是鮮蝦粉絲煲之外，我很常做的粉絲煲。我做牛腩粉絲煲會先燉好紅燒牛肉，直接加熱，湯汁入粉絲煲，年腩鋪其上，移到砂鍋燉煮十分鐘即可。

冷凍櫃裡有四條牛肋條，做一鍋紅燒牛肉，夠吃好幾餐。但因牛腩不容易燉爛，至少需一小時以上，一般我會先燉好紅燒牛腩，做粉絲煲時加熱，將湯汁淋上，鋪上牛腩，移到砂鍋燉煮。如果從紅燒牛腩做起，這道牛腩粉絲煲可能就要做到天荒地老了。牛肉粉絲煲反而相對簡單，牛肉切片醃製二十分鐘，依一般炒牛肉方式炒熟，移入粉絲煲，燉煮十分鐘即可。

燉煮紅燒牛腩比較費時，配料豐儉由人。胡蘿蔔切大丁，洋蔥切小丁，蘋果切三角形，馬鈴薯切大丁，蓋馬鈴薯和蘋果顏色接近，切不同形狀方便分辨，試菜時，馬鈴薯煮熟其他食材就都熟了。鑄鐵鍋燒水，水滾，原本要用可樂（紅酒）燉煮，家裡沒有可樂，不想特別去買臺灣啤酒，到儲藏室取啤酒頭二十四節氣啤酒小雪代替，精釀啤酒愛好者可能會罵我焚琴煮鶴，糟蹋佳釀。下蒜頭、蔥結、蘋果和馬鈴薯。牛肉用紅酒、橄欖油，加上全蛋液（太

03 牛腩粉絲煲。04 螃蟹粉絲煲。05 龍蝦粉絲煲。

白粉、玉米粉或地瓜粉亦可），再加牛排調味粉略醃。起油鍋，下薑片，牛肉和洋蔥炒香，移入鑄鐵鍋，加入冰糖、紅酒，生淺二色醬油，燉煮一小時。

燉煮好的紅燒牛腩用高湯杯分裝，置冷凍櫃，吃的時候退冰加熱，或做牛肉麵，或做咖哩牛肉。做牛腩粉絲煲亦簡單輕鬆，粉絲煲部分如前文所述，最後加上紅燒牛腩即可。

茄子肥腸粉絲煲要費點兒工，肥腸先蒸熟，茄子切段，對剖，與蒸熟的肥腸分別過油。茄子過油時帶皮面朝下，可保持茄子表面的紫色鮮麗。氽燙亦然，如切滾刀則可用篩子將茄子壓在水裡，我習慣茄子對剖，面朝下即可，不必一直費力壓著。嫩雞茄子粉絲煲我亦喜歡用過油方式做，去骨雞腿切丁，茄子與雞丁過油，其餘作法如前文所述。嫩雞茄子粉絲煲亦可以煸炒方式處理雞丁，先用雞皮煸油，將雞丁炒至變色，其餘作法與過油同。螃蟹粉絲煲作法與鮮蝦粉絲煲類近，先將螃蟹（一般用花刺仔，亦可用紅蟳）炒熟，移入粉絲煲鐵鍋略炒，再移到砂鍋燉煮十分鐘即可。

粉絲煲屬館子菜，或云宴客菜，亦有人名之曰功夫菜，因作法不難，可視為家常菜，自己在家裡就可以做出宴客菜來。鮮蝦粉絲煲、螃蟹粉絲煲、茄子肥腸粉絲煲、嫩雞茄子粉絲煲、牛腩粉絲煲、牛肉粉絲煲，食材神明變化，煮食存乎一心。

燒雞變奏曲

燒雞人人會做，各有巧妙不同。主題與變奏，運用之妙，存乎一心。

除了白切雞、雞湯和各式雞丁，燒雞是餐桌極常見之膳食，簡單易做，花樣繁多，有如西方古典音樂的主題與變奏。

二〇二三年臺北國際書展，承蒙《上下游副刊》總編輯古碧玲的盛情雅意，邀譚玉芝、吳家恆和我一起搭嘴鼓，談跨領域、跨世代、跨文化的飲食書寫，為建蓁環境教育基金會出版的《食在四方》敲鑼打鼓。《食在四方》集結五十四位作者的文章，跨領域的飲食書寫，呈現臺灣的非主流飲食文化。三位與談人均為作者，現身說法。我對譚玉芝的桂花釀燒雞興致盎然。

說到吃就眉飛色舞的人，身材肯定不易維持。司馬遷《太史公書》描述劉向貌煦煦然不若君子人，寫成白話文即相貌溫和像個歐吉桑。我則是面團團如富家翁，非僅如富家翁，繫條圍裙，儼然就是個廚師。

譚玉芝從臺北搬到魔都上海當臺媽，再從上海遷居花蓮玉里，鄉間老房子有兩棵桂花樹，因桂花大開，採集做成桂花釀。春日時節，其交情逾四十年的摯友來訪，於是做一道桂花釀燒雞款待。

我從《食在四方》找到譚玉芝的〈還魂桂花釀〉，仔細閱讀後，依樣葫蘆，從心上化為在手上，做一道桂花釀燒雞。因手路有別，僅止於依稀彷彿，仍有我個人之自出機杼。

四分之一隻帶骨雞胸肉（帶骨雞腿當然更好）切小塊，用全蛋液醃漬二十分鐘備用（用澱粉加橄欖油亦可）。薑切片，蔥切段，蒜頭去皮切小丁。起油鍋，轉中小火，下帶骨雞塊，煸出雞油，炒至雞肉斷血水，顏色轉白，用長勺撈起備用。鍋底油下薑片，煎至微黃，下大蒜、蔥白，加水，下深淺二色醬油，加米酒頭，下炒過之帶骨雞塊，轉中大火，小拋鍋，燜三分鐘，加入桂花釀。轉大火，下蔥綠，拋鍋翻炒，讓桂花釀的糖衣均勻裹上每塊雞肉，加水蓋過雞肉一半，水滾，轉中小火。燜煮五分鐘，汁不收乾，下烏醋，起鍋。

桂花釀裡的甜味取代砂糖，彷彿春天繁開的桂花都到眼前來。這瓶桂花釀原係友人知我乞食講堂二十幾年，喉嚨不好，冬日常犯咳。尤其冬天如未細心呵護，不小心感冒（我因常年泗水，甚少感冒，但一感冒就拖很久），很容易從冬天咳到春天。友人說桂花釀治咳有效，故爾相贈予我。可能桂花釀真的治咳有效，只吃了小半瓶，餘下的放在冰箱，卻成為桂花釀燒雞之配料，祭了我的五臟廟。

黃燜雞是雲南菜，臺灣飲食來自各地，黃燜雞亦為餐館常見膳食。

帶骨雞腿切塊，薑切片，蔥切段，蒜頭去皮切小丁，小紅椒切圈，大紅椒斜刀，香菇泡水切片，馬鈴薯去皮切大丁，青椒、紅黃彩椒切長條，轉刀切斜條；乾辣椒數條，黃米豆醬適量。起油鍋，轉中小火，下帶骨雞塊，炒糖色至斷血水，撈起備用。鍋底油加麻油，下薑片炒至顏色轉漸黃，蒜頭、大小紅椒、乾辣椒爆香，加水，下香菇、洋蔥，香氣出來後，小拋鍋略炒，加水，下馬鈴薯塊，加蠔油、胡椒粉、米豆醬、下煸好的帶骨雞腿，加紹興酒，小拋鍋翻炒；移入土鍋，土鍋事先加水、雙色醬油預熱，燜煮十五分鐘，下紅黃彩椒、青椒，繼續燉煮五分鐘，熗紹興酒，關火。

黃燜雞是燒雞最華麗燦爛的變奏，食材配料極為豐富，但亦可酌量加減，豐儉由人。其中帶骨雞塊、馬鈴薯、米豆醬為基本，其餘食材配料有什麼加什麼，湊個三五樣，略呈花團錦簇之感即可。

燒雞之主題與變奏，如以黃燜雞為最華麗之變奏，三杯雞則可視為主題之原型。

三杯是臺菜常見料理形式，最早可能由三杯雞發展而來，其後應用到其他食材，如三杯中卷、軟絲、田雞、豆腐與杏鮑菇等。

三杯雞大部分煮食者應均能輕易上手，有人用去骨雞腿或雞胸肉，我個人喜用帶骨雞塊，或許是偏見，我覺得帶骨雞塊做燒雞比較甜，做各式雞丁才會用去骨雞腿或雞胸肉。有人做雞丁只用去骨雞腿，我覺得倒也未必，用去骨雞胸肉灌（浸）水可使肉質鮮嫩，比較不那麼柴。雞胸肉價格約為雞腿的四分之一，一般中小型餐館大部分使用雞胸肉而非雞腿，其處理方式即為灌水使肉質鮮嫩。小康之家做各式雞丁亦非雞腿不可，略施小技，雞胸肉亦可變雞腿。

帶骨雞肉切塊，薑切片，蔥切段，蒜頭去皮切小丁，小紅椒切圈，小紅椒斜刀，七棳茶去梗留全葉。起油鍋，倒入麻油，以小火將薑片爆至金黃，下帶骨雞塊，小拋鍋翻炒，至斷水顏色轉白，移至鍋邊；轉小火，蒜頭、蔥白、辣椒爆香，加水，下冰糖，深淺二色醬油，加米酒頭，將鍋邊雞塊挪至鍋中間與配料混合，小拋鍋兩回，轉大火爆炒，蓋上鍋蓋，轉中小火，燜煮三分鐘（如果欲將湯汁微收乾，燜煮時間可加長），我習慣保持較多湯汁，以免雞塊變柴。下九層塔，熗烏醋，起鍋。

好友政大教育系鄭同僚教授在庭院種植薑黃，日前大豐收，分送至親好友。同僚兄和我是泳友，交情逾二十載，因而分到一大袋。

鄭同僚兄是澎湖人，澎湖人飲食文化有一道菜名曰煎熱，即用麻油爆香薑絲，加上混了鹽和黑糖粉的蛋汁煎。同僚兄用麻油爆新鮮薑黃片炒泡麵，薑黃性與薑類似，故爾用薑黃煎熱，加鹽和黑糖粉煎蛋。本想如法炮製，後來覺得還是做道薑黃香菇雞可能更好食。

前兩天到木新市場，見有烏骨雞，一時興起買了一隻，請老闆大卸六塊，置冷凍櫃，煮食時再剁小塊。我一向不喜歡讓雞攤剁小塊，因雞攤剁肉時冷凍不足，常剁得慘不忍睹，轉屋冷凍後再解凍，湯汁淋漓，頗失優雅；當然我也不買超市剁好的雞塊，湯汁都流光了，肉質柴而不甜。我喜歡自己剁雞、切刺身，可以保留較多湯汁，口感鮮嫩。除了做各式雞丁時去骨，我做各種雞膳習慣用帶骨雞塊，燉煮雞湯尤其堅持。反正廚房有一把金合利剁刀，剁雞很爽利。

取一塊烏骨雞，退冰一分鐘，剁成小塊，全蛋液醃十五分鐘備用。薑黃用舊牙刷將土刷乾淨，切片；廚房常備舊牙刷，主要用來清魚腹。乾香菇三朵，切片；胡蘿蔔切厚片，蒜頭

01 桂花釀燒雞備料。02 桂花釀燒雞。03 黃燜雞。04 友人鄭同僚教授送的薑黃。05 薑黃香菇雞。

去皮切小丁，蔥切段、大紅椒斜切，七櫞茶一大把。

起油鍋，薑黃、蒜丁、蔥白、辣椒爆香，至薑黃變金黃色，下雞塊，略翻炒，至雞肉變白，下胡蘿蔔、香菇，炒香，加水，加調味料，鹽、鰹魚粉、白胡椒粉、花椒粉，煮滾，移到土鍋。小火燉煮十分鐘，下七櫞茶，用中料理筷翻炒，熗米酒頭，起鍋。

在路邊看到糖炒栗子，常食指大動，忍不住買一包解饞。在忠順街雜糧行看到生栗子，心裡叨念著做一鍋栗子燒雞。

買到的栗子已經去皮，不知泡了什麼藥水，呈金黃色，心裡雖然有點嘀咕，找不到別的品式，於是將就著用。

栗子泡水半小時，因栗子不易熟，過水十分鐘，撈起備用。帶骨雞肉切塊，薑切片，蔥切段，蒜頭去皮切小丁，小紅椒切圈，大紅椒斜刀。起油鍋，轉中小火將薑片爆至金黃，下帶骨雞塊，小拋鍋翻炒，至雞塊斷血水顏色轉白，撈起備用。鍋底油留用，補加橄欖油，轉小火，蒜頭、蔥白、辣椒爆香，加水，下冰糖，深淺二色醬油，加紹興酒，下栗子、帶骨雞塊，拋鍋翻炒，移至土鍋，蓋上鍋蓋燜煮十分鐘。下蔥綠，略翻炒，熗烏醋，起鍋。

栗子燒雞雖不若糖炒栗子那般香濃，栗子混合紅燒醬和帶骨雞塊的香味，別有一翻滋味在心頭。

黑膠大徒弟黃思詒兄二〇二三年春節送了一瓶茶籽油，說我自己有在煮，送一瓶茶籽油給我做菜。

茶籽油用茶樹籽榨成，與苦茶油有別。苦茶油用的是苦茶籽，貓空山上的茶油麵線，用的是茶籽油而非苦茶油。腦子裡轉了一圈，決定做一道茶籽油燒雞。

帶骨雞肉切小塊，薑切片，蔥切段，蒜頭去皮切小丁。起油鍋，轉中小火，下薑片，煸出香氣，倒進適量茶籽油，將薑片炒至金黃。下帶骨雞塊，小拋鍋翻炒，至斷血水顏色轉白，撈起備用。鍋底油留用，補加茶籽油，轉小火，蒜頭、蔥白爆香，加水，加調味料，下雞塊，拋鍋翻炒，將雞塊煎至焦酥，下蔥綠，熗紹興酒，起鍋。

茶油燒雞取法麻油雞，只是將麻油換成茶籽油。一般做麻油雞會加較多的米酒或米酒頭，煮成麻油雞湯。我先不加太多酒，做成燒雞菜式，下次再來試茶籽油麻油雞湯。

茶油與薑混合的特殊香氣，外酥內軟的雞塊，忍不住多扒了幾口飯。

用麻油雞範式做的茶籽油雞令我口頰留香，於是腦子轉了個彎，似亦可用三杯雞方式做茶籽油雞。隔了幾天，再度磨刀霍霍，做一道三杯雞式的茶籽油雞。

帶骨雞肉切小塊，薑切片，蔥切段，蒜頭去皮切小丁，小紅椒切圈，大紅椒斜刀。用茶籽油起油鍋，轉中小火將薑片爆至金黃，下帶骨雞塊，小拋鍋翻炒，至斷血水顏色轉白，撈起備用。

鍋底油留用，補加茶籽油，轉小火，蒜頭、蔥白、辣椒爆香，加水，下冰糖，深淺二色醬油，加米酒頭，下帶骨雞塊，拋鍋翻炒，加一點兒蠔油，蓋上鍋蓋燜煮五分鐘。下蔥綠，略翻炒，因為不想讓七橼茶搶味，故爾未加三杯雞的靈魂七橼茶，熗烏醋，起鍋。茶仔油悠悠的清香，混合著濃郁的蠔油紅燒醬，濃淡交錯，茶籽油愉悅的上昇，蠔油紅燒醬從容的下降，交織成美麗的樂章。

燒雞人人會做，各有巧妙不同。麻油之有無，紅燒醬之取捨。主題與變奏，運用之妙，存乎一心。我心底浮現出巴哈（Johann Sebastian Bach）《郭德堡變奏曲》（Goldberg Variations，BWV988），從鋼琴到大鍵琴，以及改編的弦樂三重奏版。燒雞變奏曲神明變化，各出機杼。愛煮食者，盍興乎來？

雞丁奏鳴曲

蔥爆雞丁可謂是所有雞丁類菜式的原型，有如奏鳴曲的呈示部。

政大麥當勞側門對面有兩家餐館，四川飯館在二樓，老闆楊樹芝是韓戰戰俘，比臉盆還大的烘蛋，是每個政大人的共同回憶。敏忠小吃是滇緬邊區老兵撤退來臺眷屬所開，名菜是白菜豆腐魚，政大師生很少人沒吃過這道菜。

猶是小副教授時因升等壓力大，我常常在上完課、運動完以後，到敏忠小吃店吃晚餐，再回到研究室工作；清晨四、五點離開研究室，到漢隆豆漿店吃完早餐才回家，我喜歡漢隆豆漿店的鹹、甜燒餅和鹹豆漿。但漢隆豆漿店沒有蛋餅，只有蔥花蛋。多年以後，我常常想起敏忠小吃的蔥爆雞丁蓋飯，和漢隆豆漿店的鹹、甜燒餅，漢隆豆漿店因為都更，已於二〇二二年冬天吹起熄燈號，四川飯館老闆楊樹芝二〇二三年春天以百歲耆壽辭世，四川飯館猶生生不息，敏忠小吃繼續在歲月裡流轉。

敏忠小吃是媽媽帶著女兒開店，最初是媽媽炒菜，後來是大女兒和女婿接手，三女兒和四女兒負責點菜和跑堂，二女兒在門口擺了個攤子賣手作耳環、項鍊和小首飾，有時也幫忙端菜。蔥爆雞丁蓋飯是我常點的菜，一小碗公飯鋪上滷白菜和蔥爆雞丁，兩肩擔一口，食得一頓飽。後來我成為買菜煮飯工作者之後，最想做的就是蔥爆雞丁。

蔥爆雞丁可謂是所有雞丁類菜式的原型，有如奏鳴曲的呈示部。餐館做雞丁一般用去骨雞胸肉，不會用去骨雞腿，故我做雞丁亦不會堅持非用去骨雞腿不可。

敏忠小吃每天一大早會先滷一大鍋白菜，因此菜單中有很多菜以此為基底，著名的白菜豆腐魚即為其中之一，蔥爆雞丁蓋飯亦是先鋪一層滷白菜，再蓋上蔥爆雞丁。

我做蔥爆雞丁手路來自敏忠三女兒所授，在我成為買菜煮飯工作者之後，到敏忠小吃點菜時特別請教的。去骨雞胸肉先吃水（泡水、浸水）十分鐘，讓雞胸肉充滿水分，可使雞胸肉變鮮嫩。雞胸肉切大丁，用全蛋液醃十分鐘（更久亦可），我後來做雞饍或肉類料理常用全蛋液醃漬即源於此。一般食譜教人以太白粉（或各種澱粉）加食用油醃漬，我因為不喜歡太白粉，有時會用玉米粉、地瓜粉或蓮藕粉醃漬，但大部分時候用全蛋液，我煎魚亦塗一層薄薄的全蛋液。因做菜時醃雞、醃肉和煎魚都使用全蛋液，因此冰箱常備裝在玻璃材質小保鮮盒之全蛋液。

做雞丁前置作業可用煸炒或過油（油炸）方式處理，如果用去骨雞腿，我會選擇煸炒，即將雞皮取下切小塊煸油，再炒雞丁。使用雞胸肉我會選擇過油，蓋去骨雞胸肉一般不帶皮，無法煸油故也。

取半片雞胸肉，退冰一分鐘，切大丁，全蛋液醃十到十五分鐘備用。薑切片，蔥切段，蒜頭去皮切小丁，小紅椒切圈，大紅椒斜刀（不吃辣者可不加）。

起油鍋，轉大火，油溫至一百五十度，下雞丁，轉中大火，過油三分鐘，撈起備用。

起油鍋，轉中小火，蒜頭、薑絲、蔥白、辣椒爆香，加水，下冰糖，深淺二色醬油，加米酒頭，下雞丁，轉大火，小拋鍋翻炒，轉中小火，燜煮三分鐘（如果欲將湯汁微收乾，燜煮時間可加長），我習慣保持較多湯汁，以免雞丁變柴。下蔥綠，熗烏醋，起鍋。

醬爆雞丁是雞丁奏鳴曲的發展部，作法為蔥爆雞丁加甜麵醬，青蔥之量略減少。

去骨雞腿一隻，微波一分鐘半解凍，用小魚刀（即雞肉攤用的去骨刀）將雞皮取下，切大塊備用，亦可使用廚師刀（牛刀）去雞皮。雞腿肉切大丁，全蛋液醃十到十五分鐘備用。薑切片，蔥切段，蒜頭去皮切小丁，小紅椒切圈，大紅椒斜刀（不吃辣者可不加）。

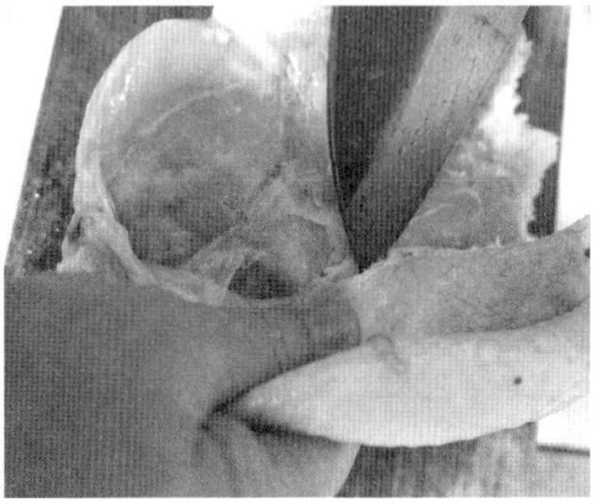

去骨雞腿一隻，微波一分半解凍，
用小魚刀將雞皮取下。

起油鍋，油量宜少，轉中小火，用雞皮煸油，至雞皮焦黃後撈出丟棄（喜食雞皮者亦可留下）。蒜頭、薑絲、蔥白、辣椒爆香，加水，下冰糖，深淺二色醬油，加米酒頭，下雞丁。小抛鍋，轉大火爆炒，下深淺二色味噌。傳統作法是加甜麵醬，我個人不喜甜麵醬之黏膩，故爾常以深淺二色味噌代替；我做京醬肉絲，亦是用深淺二色味噌取代甜麵醬。轉中小火，燜煮三分鐘（如果欲將湯汁微收乾，燜煮時間可加長），我習慣保持較多湯汁，庶免雞丁變柴。下蔥綠，熗烏醋，起鍋。

腰果雞丁是雞丁奏鳴曲的小迴旋曲，在蔥爆雞丁的基礎上，加入腰果（或其他堅果，以腰果最常見且易得）。做腰果雞丁宜先過油腰果，再過油雞丁；如果先過油雞丁，腰果易有雜味。如果用去骨雞腿肉做，則雞丁可選擇過油或炒。做腰果雞丁可用蔥爆雞丁為底，亦可做好醬爆雞丁後，加人腰果，差異在甜味之濃淡，當然口感亦有別，隨個人喜好而定。腰果雞丁亦可不加紅燒醬，而以食鹽加調味料，做成非紅燒雞丁式的腰果雞丁，口味比較清淡，適合輕食者。

辣子雞丁是蔥爆雞丁的第二發展部，醬爆雞丁是加甜麵醬（或深淺二色味噌），辣子雞丁加乾辣椒；亦可加入花椒粒，做成椒麻雞丁；可酌量加入堅果，增加口感和層次。

因辣子雞丁（椒麻雞丁）的靈魂是辣，生辣椒和乾辣椒混合花椒粒的麻辣感，因而我會在醃肉時加入辣酢料。去骨雞胸肉切小丁，用米酒頭、醬油拌勻，白胡椒粉和花椒粉，加入適量全蛋液，再加入少許玉米粉拌勻，醃漬十到十五分鐘備用。薑切片，蔥切段，蒜頭去皮切小丁，小紅椒切圈，大紅椒斜刀（不吃辣者可不加）。

起油鍋，轉大火，油溫至一百五十度，下雞丁，轉中大火，過油三分鐘，撈起備用。

起油鍋，轉中小火，蒜頭、薑絲、蔥白、辣椒爆香，加水，下冰糖，深淺二色醬油，加米酒頭，下雞丁，轉中大火，小抛鍋翻炒，下乾辣椒和花椒。如果想更考究些，可以先煉花椒油，即起油鍋後，投入花椒粒煉花椒油，用濾網篩去花椒粒，再用煉好的花椒油起油鍋，其差別在做好的辣子雞丁是否有花椒粒，當然如果不加花椒即不必費事。炒至乾辣椒鼓起飽滿，炒出香氣後，燜煮三分鐘，加入適量堅果，熗烏醋，起鍋。堅果亦可在起鍋後加，蓋堅果易變軟，吃多少加多少。因去骨雞胸肉（或雞腿）醃漬時已加辣，醬汁亦有生辣椒、乾辣椒和花椒，麻辣一起來，很有川菜風味。

宮保雞丁是雞丁奏鳴曲的再現部，集椒麻雞丁、花椒油和麻辣花生，可謂是雞丁的總集合。相傳晚清四川提督丁寶楨嗜吃辣，任上常命家廚烹飪自創家菜，一種用雞丁、辣椒、花生合炒而成的料理，初無定名，其後此菜廣為流傳，因丁寶楨官銜宮保，乃在菜名前加上宮保二字，名曰宮保雞丁。去骨雞腿去皮，切大丁，用全蛋液、橄欖油、白胡椒粉醃十分鐘備用。雞皮切小塊，用來煸油。薑切絲，青蔥切段，蒜頭去皮切小丁，小辣椒切圈，大紅椒斜刀。起油鍋，少油，下雞皮煸油，取雞油之香。用中長料理筷夾去雞皮，下大紅袍花椒粒，煉花椒油，約一分鐘，用篩網濾去花椒粒，花椒油置碗中備用。用煉好的花椒油起油鍋，薑絲、蔥白、蒜丁、辣椒爆香，下冰糖、深淺二色醬油，加米酒頭，下乾辣椒，加水，下雞丁，下麻辣花生（麻辣花生亦可在宮保雞丁上桌後加），轉中大火，小拋鍋翻炒，轉中小火燜煮三分鐘，略收汁，下蔥綠，熗烏醋，起鍋。

丁寶楨發明宮保雞丁，左宗棠卻沒吃過左宗棠雞。左宗棠雞是臺菜，不是湖南菜，乃彭園掌櫃彭長貴所創製。有關左宗棠雞之傳說有二：其一為某日深夜餐廳將打烊時，行政院長蔣經國忽然來彭園用餐，彭長貴檢點店中食材，臨機應變做出這道雞膳新菜。蔣經國吃完後詢問菜名，彭長貴遂隨口以鄉賢晚清湖湘名將左宗棠冠之。後此菜被他帶到美國發揚光大，變成多數中菜館必備菜色，但大半隨意發揮，彭長貴甚不以為然。而彭長貴晚年回湖南長沙開餐館，當地人卻說這是臺菜而非湘菜。其二為一九五二年，太平洋第七艦隊司令亞瑟·雷德福（Arthur William Radford）上將來臺，海軍總司令梁序昭連續三天設宴，並要求彭長貴菜色須天天變化；彭長貴靈機創作，並隨口以鄉賢左宗棠起名。一九七三年，彭長貴赴美開設彭園，相傳美國前國務卿季辛吉激賞左宗棠雞，經《華盛頓郵報》、《紐約時報》等媒體報導，聲名大噪。

左宗棠雞流傳甚廣，但常見之作法似非彭長貴正傳。常見的左宗棠雞以蔥爆雞丁為底，有類醬爆雞丁，惟將甜麵醬換成番茄醬。

去骨雞腿一隻，用小魚刀將雞皮取下，切大丁，全蛋液醃十到十五分鐘備用。薑切片，蔥切段，蒜頭去皮切小丁，小紅椒切圈，大紅椒斜刀（不吃辣者可不加）。

01 宮保雞丁。02 醬爆雞丁。
03 辣子雞丁。

起油鍋，油量宜少，轉中小火，起油鍋，少油，下雞皮煸油，取雞油之香，用中長料理筷夾去雞皮（喜食雞皮者亦可留下）。蒜頭、薑絲、蔥白、辣椒爆香，加水，下冰糖，深淺二色醬油，下雞丁，加米酒頭，下番茄醬，轉中大火，小拋鍋翻炒。轉中小火，燜煮三分鐘，略收汁，下蔥綠，熗烏醋，起鍋。

彭園版本的左宗棠雞作法與一般餐館有別，一般餐館以雞丁方式處理，彭園左宗棠雞為帶皮去骨雞塊。去骨雞腿肉連皮切成六大塊，以醬油、太白粉（我習慣用全蛋液）醃漬十到十五分鐘。起油鍋，轉大火，油溫至一百五十度，下去骨雞腿肉，過油三分鐘，撈起備用。轉中小火，薑絲、蔥白、蒜丁、辣椒爆香，下冰糖、深淺二色醬油，加米酒頭，下乾辣椒，加水，下雞丁，轉大火，小拋鍋翻炒，轉中小火燜煮三分鐘，下蔥白，熗烏醋，起鍋。彭長貴其後到美國開餐館，將此菜帶到國外，又從國外紅回臺灣。有一段時間彭長貴返回湖南開餐館，似未獲得成功，臺灣彭園湘菜館則屹立不搖五十年。

各式雞丁是餐館常見料理，大型餐廳或中小型館子均然。雞丁好食易做，亦可當作家常料理。平日居家，一隻去骨雞腿或半塊雞胸肉，很容易就可以上菜，自用宴客兩相宜。我初習廚藝第一個系列做的菜即為雞丁，買了六隻去骨雞腿，將各式雞丁學一次，如是者三，確定自己可以隨手做出各種雞丁。其後習作各種菜式，亦是至少練習三次，第一次照書做；第二次背食譜做，斟酌損益；第三次乃能從心上化為在手上。有些煮食者照食譜學做一樣菜，做出來後就認為自己會了，我個人覺得這是不太夠的。任何菜要做到從心上化為手上，都需要反覆操作，方能自出機杼，神明變化。

臘肉人人會炒，巧妙各出機杼

我喜歡湖南臘肉多一些，風吹過，陽光曬過，感覺多一些風霜。

臘肉分湖南與廣式，廣式臘肉帶點兒甜，湖南臘肉豪氣些，店家一般會明確標注，不必擔心買錯。

我喜歡湖南臘肉多一些，風吹過，陽光曬過，感覺多一些風霜。

蒜苗臘肉和高麗菜炒臘肉是常見家常菜，家裡沒什麼菜的時候，截一段臘肉，用片肉刀切成薄片，蒜苗走滾刀，四片高麗菜手撕，一道下飯的家常菜就上桌了。

炒臘肉常見者有兩法三式，兩法指泡水或不泡水，三式為煮、蒸、煸。

臘肉泡水之法得諸黎時潮兄，不敢掠人之美。時潮兄對各類醃、醬食材多有研究，且能操作，煮食功夫更不在話下。這兩道菜所用臘肉，即時潮兄舊曆年時，手製相贈之節禮，時潮兄製臘肉以甘蔗燻，故爾臘肉會帶著淡淡的蔗甜香，有一種很特別的味道。因為捨不得吃，留到立夏始開。

炒臘肉前一晚上，先將臘肉置碗中泡水，泡一夜之後（或至少泡三小時），鍋中裝水適量，水煮半小時到一小時，再下鍋炒菜。正式炒的時候，熱鍋少油，先將臘肉的油煸出，移到鍋邊，下蒜蓉、辣椒爆香，加水，下鹽和調味料，再下蒜苗或高麗菜，開大火爆炒。拋鍋兩次，嗆紅露水米酒，起鍋。

另一種是煮過的臘肉取出備用，起油鍋，蒜蓉、辣椒爆香，加水，加鹽和調味料，先炒蒜苗或高麗菜，再下臘肉，拋鍋兩次，嗆紅露水米酒，起鍋。

很多人炒臘肉不預泡水，不預泡水有兩種作法，一種是水煮半小時，後續作法與泡水式

01-02 上為高麗菜炒廣式臘肉備料，下為成品。03 高麗菜炒湖南臘肉。04 蒜苗臘肉。

相同，只是省掉泡水的過程。一種是直接煸，直接煸易柴，但較能保持原汁原味。如果直接煸，我會建議把皮切掉，否則很可能會煮到天荒地老。也有人不泡水，不水煮，不煸，直接起油鍋爆香，下臘肉，下蒜苗或高麗菜，用不沾鍋炒，這是許多媽媽的煮法，滋味如何，要看老天爺賞不賞飯吃。

臘肉不泡水，直接放進電鍋或籠床蒸，是很多煮食者愛用的方式，不泡水可以節省很多時間，臘肉鮮少單獨蒸，一般是電鍋煮飯順手加一層蒸屜蒸，或者做蒸菜時，在籠床角落加個小碗一塊兒蒸。蒸過的臘肉炒菜時，煸與不煸隨心所欲，既能保存原味，且不必費心另煮，可能是愛煮食者最常使用的作法。

臘肉預泡水和先水煮，可能會略失風味，但臘肉會比較潤，沒那麼柴，如何取捨，廚師各出機杼。

蒜苗臘肉是三天前做的，高麗菜炒臘肉是今天的晚餐，都採用泡水、水煮和煸油之工序，屬較繁複的作法。臘肉香而潤，比較靠近我的五感取向。

居家抗疫，吃飽睡好，是第一要義。能吃能睡，增加抵抗力，別給社會添麻煩。臘肉人人會炒，各有巧妙不同。煮食無非從心上化為在手上，如何取捨，存乎一心。

冬天就是要燉一鍋熱熱的湯

蔥不耐煮，我做湯時習慣整根蔥打結，可稍耐煮些，喝湯時直接用筷子夾掉。

寒流來襲，還有什麼比燉一鍋熱熱的湯更溫暖呢？

日常吃食有許多湯品，客家番薯覆菜湯，福佬阿嬤的白菜滷，臺灣中部冬筍魷魚蒜湯，江浙菜醃篤鮮，北投酒家菜魷魚螺肉蒜，做起來不難，吃起來暖心暖胃，是冬日尚佳湯品。

客家人喜食覆菜（芥菜），從立冬吃到雨水，長達三個月，包括過年的長年菜。

土鍋煮水，邊切番薯，紅肉、黃肉番薯各用半條，刨皮切小塊備用（如果用南瓜，則連皮帶肉）。鐵鍋冷水煮起，汆燙排骨（或帶骨雞塊）。汆燙排骨或帶骨雞塊時，最好冷水煮起，方能帶出血水，如果水滾再下肉塊，血水鎖在肉塊裡，易有腥味。排骨汆燙後移入土鍋，下薑片、蒜頭、蔥結、蛤蜊，大火轉中小火慢燉二十分鐘。取三葉覆菜，切大塊備用。下番薯，燉煮二十分鐘，用料理筷夾番薯，能切斷表示已熟。加油，加鹽，下覆菜，煮五分鐘，下料酒，加芹菜珠帶香，關火。

覆菜（芥菜）番薯湯是客家吃食，立冬以後覆菜陸續上市，一直到舊曆年都是當市。菜農所種覆菜收成較早，耕種人家要待晚冬稻收割後，犁兩畦田，種菜頭和覆菜，冬下曬菜脯和鹹菜。覆菜是客家吃食很重要的部分，生的煮覆菜雞湯或番薯湯，過年時則用來炆長年菜。煮番薯湯時可加排骨或帶骨雞塊，有時會加蛤蜊。生產過剩的覆菜用來做水鹹菜、鹹菜和鹹菜乾，一菜多用，幾成冬日菜蔬聖品。鹹菜是福菜湯食材，鹹菜乾乃梅干扣肉的底菜。

白菜滷是臺灣常見吃食，通行不分南北。腦子裡檢點家中食材，白菜滷的主料䲠魚和大白菜有了，其他都好辦。我喜歡白菜滷裡加蛋酥，冰箱還有幾顆雞蛋，夠用了。

切半顆白菜，取八朵鈕釦香菇，抓一把金鉤蝦，從冷凍櫃拾掇一塊五花肉，用微波爐解凍三十秒，切片；川耳泡水發開，切絲，胡蘿蔔切條，拿一把膨皮泡水，蛋酥得自己炸。

起油鍋，炸蛋酥，炸油倒進油壺，用來炒菜。留些熱油，下蒜丁爆香，胡蘿蔔、香菇、金鉤蝦炒香，下肉片，下白菜，加水，水淹過白菜，下膨皮，下䲠魚，下蛋酥，加鹽，水滾，燉煮半小時。

白菜滷汁泡飯，夾一片五花肉，像孩子般吃得不亦樂乎。

友人在雲林山上種了一片孟宗竹林，寒冬時節，為我寄來一箱冬筍。腦子裡悠然浮現筍子雞、醃篤鮮、筍子排骨湯，土鍋蠢蠢欲動。

主人授以魷魚冬筍湯私房菜，此乃臺灣中部佳餚。檢點家中食材，除乾魷魚之外，排骨、乾香菇、蒜苗都現成，於是到木新傳統市場雜貨店買兩條乾魷魚。

收到冬筍後，先分類整理，以指甲掐筍，刺入者為嫩，無法掐入者為老，主人云嫩的先吃，老的可存放兩個禮拜。依筍子大小，兩條或三條一組，用練字的紙包裹，再套塑膠袋，置冰箱冷藏室。

剪四分之一條魷魚，烤箱預熱五分鐘，烤十分鐘，取出，剪成適用條狀。乾香菇泡水，排骨退冰，切好備用。冬筍切片，蒜苗切滾刀，蒜白、蒜青分置。土鍋裝水，煮滾，放入冬筍片、魷魚、蒜青。起油鍋，大蒜爆香，投入排骨、乾香菇炒香，移入滾煮筍片的土鍋。炒薑片蒜白，加進湯鍋。諸事齊備，燉煮半小時，下調味料，加料酒，繼續燉煮半小時關火。

杜甫〈詠春筍〉：「無數春筍滿林生，柴門密掩斷行人。會須上番看成竹，客至從嗔不出迎。」描繪出雨後春筍勃發，主人忙著看筍無暇迎客之心情。

竹林女俠寄來春筍一箱，於是磨刀霍霍，洗手做羹湯。檢點家中食材做一鍋醃篤鮮。金華火腿、五花肉、扁尖筍、高湯，屬家中常備食材。前幾日做雪菜百頁，適巧買了半斤百頁，用了六朵，剩下的在冷凍櫃，正巧趕上趟。冷凍櫃裡友人送的北海道冷凍生鮮干貝尚有些許，一般做醃篤鮮用乾干貝，生鮮干貝聊勝於無。

鐵鍋、土鍋同時煮水，春筍剝殼去皮切大丁。水滾，移入土鍋。五花肉切條，鐵鍋汆燙，投入土鍋。冷凍櫃取出豬大骨熬的高湯倒入，扁尖筍泡軟切片，火腿切條，薑片、干貝、百頁結，陸續下鍋。取蔥三根，去頭尾，整根結草銜環，投入鍋裡。蔥不耐煮，我做湯時習慣整根蔥打結，可稍耐煮些，喝湯時直接用筷子夾掉，省得不吃蔥的人，一邊喝湯一邊挑掉蔥段，殊甚傖傖。不加油，不加鹽，食材下鍋，大火滾開後轉小火慢篤，燉煮一小時，起鍋前嗆點兒紹興酒。青江菜易黃，不耐煮，鐵鍋煮水，汆燙備用，醃篤鮮上桌時加入。

魷魚螺肉蒜是酒家菜，最初據說來自北投酒家，民間婚喪喜慶辦桌亦常見其蹤影。老久沒吃辦桌了，魷魚螺肉蒜雖是酒家菜，鄉下辦桌倒是常見。除了二路羹，魷魚螺肉蒜是展現總鋪師功力的手路菜。近年這道菜愈變愈繁複，有上追雞菜湯之勢，甚至向佛跳牆（福壽全）靠攏。我想做一道比較單純原始的魷魚螺肉蒜，暖暖肚子。

排骨肉用醬油、料酒和麻油醃過，蒜苗正刀切小段，半隻魷魚橫剪一公分條狀，泡進鹽水裡。先泡再剪需兩小時，先剪再泡半小時就夠了。螺肉用刺身柳葉刀卷切成條，比較容易入味。芹菜切珠帶香，起鍋前下。

家裡沒有紅蔥頭，用蒜蓉和油蔥酥爆香。土鍋煮水，鐵鍋煸排骨肉。鍋底油略多，煸好備用。魷魚、蒜白炒香備用，蒜青等燉煮時下鍋。土鍋水滾，下排骨肉、蒜白、薑片，小火燉煮半小時。

雖然冷凍櫃裡有切好的芋頭，但我並沒有用。有些魷魚螺肉蒜食單上有炸芋頭，我覺得那樣會太靠近佛跳牆，加上鵪鶉蛋就沒區別了。我想做比較單純的魷魚螺肉蒜，不想成為大雜燴。

排骨肉燉煮半小時，加少許鹽，下魷魚和螺肉，螺肉罐頭湯汁只下一半，以免太甜。加一小湯匙屏科大薄鹽醬油添色。煮十分鐘，下蒜青。煮十分鐘，下芹菜段，熗米酒頭，轉大火滾一分鐘，關火。

昔時鄉下辦桌好滋味，自己料理端上桌。沒錢上酒家，在家做道酒家菜。冷冷的冬天，燉一鍋熱熱的湯，從嘴裡暖到心底，整個人都熱起來了。

01 番薯覆菜排骨湯。**02** 阿嬤的白菜滷。**03** 冬筍魷魚蒜湯。**04** 醃篤鮮。
05 魷魚螺肉蒜。

為兒子做晚餐

四菜一湯，開兩瓶啤酒頭二十四節氣啤酒佐食，父子閒話家常。

博兒取得學位後返臺，在港都高雄工作，偶爾會回臺北總公司開會，父子一時相見一時老。現代社會兒子有兒子的事，老爸有老爸的事，每個人照顧自己，上帝照顧大家。

二〇二一年五月以後，臺灣因疫情爆發，南北往來不便，博兒已多時未返家。難得藉公司開會之便，在家裡待兩天，當老爸的洗手作羹湯，讓兒子吃一頓好的。

腦子裡檢點食材，海陸空，動植物，決定做一道蒜燒豆腐鱸魚，一道咖哩牛肉，炒一盤絲瓜油條，加上芥蘭炒鬼頭刀干貝醬，一鍋竹筍雞湯加包心白菜。

做菜湯先行，烏殼綠筍切片，冷水煮起。帶骨雞塊用薑片麻油略炒，移入鑄鐵湯鍋，蔥結、蒜頭依序而下，鈕釦香菇六顆，下調味料，上鋪包心白菜，燉煮四十分鐘。

部分自煮者想到煎魚就抖抖抖，其實煎魚有很多小撇步，任何一種都可以把魚煎赤赤，外酥內嫩，並沒有那麼困難。煎魚最怕沾鍋，因此很多自煮者選擇使用不沾鍋，我對不沾鍋各種塗料都有疑慮，故爾向來敬謝不敏，我的炒鍋一律是鐵鍋（不一定是鑄鐵鍋，只要是鐵鍋就行），取其導熱快，續熱佳，不像不沾鍋那樣溫吞，炒起菜來缺少鑊氣，煎魚尤其如此。

煎魚常用之法甚多，諸如魚身塗橄欖油，鍋底塗薑，鍋裡多加油，半煎半炸。我自己喜歡塗全蛋液，鍋底油略多，時間控制適中，一般不會破皮。

從冷凍櫃取出鱸魚，用微波爐百分之六十火力退冰約一到兩分鐘（視魚之大小而定），以能下刀為度。我常用的魚刀是魚攤所用，本來我有一把金永利二號電木小魚刀，使著尚為順手。某日心血來潮，欲跟魚攤買一把他們殺魚用的刀，老闆找了一把舊的送我，從此處理魚如庖丁解牛。我在魚身兩側簡單刻花，用鹽加酒醃，自然退冰。如果要快些解凍，可在溫水中加鹽，塗抹魚身，解凍之魚可保持鮮度。解凍好的魚用廚房餐巾紙吸乾，塗上一層薄薄的全蛋液備用。我醃各式肉品亦多使用全蛋液，故冰箱冷藏室常備，一般使用兩三天沒問題。

大火起油鍋，油溫約升至一百五十度，下魚，十秒鐘後拋鍋翻面，兩面直接煎酥，晃動鍋子，讓魚在鍋裡維持可以游動，就不會沾鍋了。兩面直接用熱油大火煎酥的用意，係將魚的湯汁封住，煎好的魚外酥內嫩。轉中小火，加鍋蓋，每面約煎二到五分鐘，視魚大小而定。

魚煎熟後，轉中大火，將皮煎赤赤，香脆好食。如果是乾煎，必須直接煎熟，如果要後加工，諸如紅燒、蔥燒、豆瓣之類，煎個七、八分熟即可，因為在後製過程中魚會再熟化。煎好的魚取出，置盤中備用。

鍋中之油用來煎豆腐，我喜用板豆腐，切大丁，中大火煎，煎至金黃，移至鍋邊，下薑絲、辣椒爆香，下蒜白，下紅燒醬，加水，下煎好的魚，中火燜煮三分鐘，下蒜綠，轉大火，略收汁，熗米酒頭，起鍋。

咖哩是現成的，我習慣做一大鍋咖哩，裝高湯杯冷凍備用。紅燒牛腩亦是一次燉一大鍋，裝高湯杯冷凍備用。蒜茸爆香，下些許薑黃，倒入老咖哩，下紅燒牛肉，轉大火煮滾，熗紅酒，起鍋。絲瓜刨皮，直切，油條切小段，放入烤箱烤五分鐘備用。起油鍋，薑絲、辣椒爆香，加水，下鹽和調味料，下絲瓜，轉大火，加鍋蓋，燜三分鐘，熗米酒頭，起鍋。

芥蘭汆燙去生備用，蒜茸、辣椒爆香，加水，下生香菇，下調味料，下芥蘭菜，加鬼頭刀干貝醬，轉大火爆炒，拋鍋三次，熗米酒頭，起鍋。

難得為兒子做晚餐，蒜燒豆腐鱸魚、咖哩牛肉、絲瓜油條、芥蘭炒鬼頭刀干貝醬，一鍋竹筍雞湯加包心白菜。四菜一湯，開兩瓶啤酒頭二十四節氣啤酒佐食，父子閒話家常。

01 為兒子做的四菜一湯。02 蒜燒豆腐鱸魚。03 絲瓜油條。04 芥蘭炒鬼頭刀干貝醬。

辣椒鑲肉好滋味

本想買一包七條茶炒鳳螺，見有牛角椒，順手抓了一把，心裡想著可以用來做辣椒鑲肉。

新冠肺炎疫情升溫，臺灣防疫政策去緜行禹，從清零轉向集體免疫，此乃防疫的最後一哩路，兩年多來，防疫過程，跌宕起伏，顛躓以行。政治攻防，鍵盤俠橫行，各種統計數字滿天飛，第一線的醫護人員辛苦萬端。學校採行遠距教學或停課，莫衷一是。

我這學期開的兩門課都是實作，社會教材教法學生要上台試教，必須有黑板，學習用板書教學，以面對教甄，故無法遠距

01 徒手將絞肉塞進牛角椒，用竹吸管（筷子）將絞肉推向底部，再徒手塞肉，直到椒腹飽滿。02 牛角椒去蒂，用兩支筷子穿過肚腹，輕微攪動，去除椒囊和種子備用。

教學。手稿史料專題，前兩節教學生寫行草書，第三節讀手稿史料，日記、書信或公文書，帶手稿文獻來的同學負責領讀，其他同學一起讀，遇到難認的字我再提點，同樣不適合遠距教學。兩門課學生都不多，繼續維持實體課。

大疫之年別無選擇，只能面對。前些時候中研院士余英時、張灝遠行，今日得知胡台麗教授蒙主恩召，三位前輩均數面之緣，未有深交，猶自感傷。這兩年長輩多有遠行者，同輩亦漸次排班，不知明天先到還是死神先敲門，那就好好過日子吧！人生四大要事：吃得飽，拉得出，睡得好，醒得來，其中尤以吃為要，蓋吃最可控制，其他三項要看上帝慈悲。

在往學校路邊的屋亭下（福佬語云亭仔跤），有一家菜攤賣些自己種的蔬菜，因非專業種植，不甚豐美，尚為可食。本想買一包七橼茶炒鳳螺，見有牛角椒，順手抓了一把，心裡想著可以用來做辣椒鑲肉。一般市場菜攤比較常見的是糯米椒，這種牛角椒甚少現蹤，老闆娘說是妹妹在南部種的。

轉屋洗手做晚餐，小白鯧，炒番薯葉和辣椒鑲肉。牛角椒去蒂，用兩支筷子穿過肚腹，輕微攪動，去除椒囊和種子備用。絞肉退冰，蒜末、薑末、鹽巴、豆瓣醬加地瓜粉略抓，直接甩向厚碗拍打，擠出空氣。徒手將絞肉塞進牛角椒，用竹吸管（筷子）將絞肉推向底部，再徒手塞肉，直到椒腹飽滿。

小白鯧刻花，用鹽和米酒頭略醃。豬菜切段，長度約食指兩節。蔥切段，蒜切大丁，小紅椒切圈，大紅椒斜刀。

小白鯧用廚房餐巾紙吸乾，薄薄塗一層全蛋液。起油鍋，油溫一百五十度，魚下鍋，十秒鐘拋鍋翻面，十秒後轉中小火，加鍋蓋，煎兩分鐘；拋鍋翻面，再煎兩分鐘，瓷盤底擠上檸檬汁；魚起鍋，魚身擠上檸檬汁，上桌。鍋底油再加些橄欖油，煎牛角椒鑲肉，中火，兩分鐘後翻面，再煎兩分鐘，起鍋備用。鍋底油直接用蒜頭、辣椒、蔥白爆香，加水，轉中大火，下冰糖，下深、淺二色醬油，下紹興酒，加水，轉中大火，下牛角椒鑲肉，下白胡椒粉、花椒粉、蠔油，燜煮三分鐘，轉大火收汁，下蔥綠，熗烏醋，起鍋。

起油鍋，蒜頭、辣椒爆香，加水，下調味料，轉中大火，下番薯葉，加水，拋鍋翻炒，下鬼頭刀干貝醬，下小番茄，熗米酒頭，起鍋。

昨天剩的山藥子排湯，香煎小白鯧、青椒鑲肉、豬菜炒小番茄，三菜一湯，海陸沒有空，根莖葉果沒有花，花甲老翁食得一頓飽，強健身體好抗疫。

03 牛角椒鑲肉上桌。04 三菜一湯，花甲老翁食得一頓飽。

煮一鍋咖哩和紅燒牛肉

晚餐就一道咖哩雞，配料有洋蔥、馬鈴薯、胡蘿蔔、蘋果，營養很足夠。

世事紛紛擾擾，我且從容不迫。

春雨霖霖，彷彿沒有盡頭。傍晚原擬等雨停去河堤散步，卻是一路滴滴瀝瀝，只好在家練核心肌群，死蟲、橋式、高抬腿、側抬腿、側棒式、棒式、側壓、深蹲，一輪下來，做得我大氣喘小氣。

二〇二二年五月，新冠肺炎Omicron變種病毒繼續向高峰挺進，誠心感謝醫護人員辛勞，守護我們的健康。博兒快篩陽，PCR確診，醫師開了藥，居家隔離，尚幸不住天龍國，不然PCR可能會排到天荒地老。

新聞愈看愈心煩，我已經超過大半個月沒看電視了，連網路新聞也不看。因為不看也沒關係，重要消息還是會透過各種管道強迫傳到你眼前。譬如酒店紅牌公關潔西，完成了不可能的任務，讓全臺灣的酒店暫時停止營業，這是連警政署長都辦不到的事。某國總理夫人可能因為胃食道逆流，發出了長長的 Errr，後面還有好幾個 r。引發臺灣停止兩條口罩生產線的論戰，網路酸民打得天昏地暗，日月無光。還有天才記者問疫情中心指揮官陳時中部長，可否生產有男女之分的口罩，因為她兒子戴粉紅色口罩，被同學取笑。

小男孩戴粉紅色口罩如果會被同學笑，表示我們的性別平等教育還有很多成長空間，需要大家一起來努力。

我想起手邊就有兩個粉紅色布口罩，我常常戴著粉紅色口罩晃來晃去，而且戴著上課，看到的人都說讚。小男孩戴粉紅色口罩是不好的，會被同學笑；花甲老翁戴粉紅色口罩是好的，而且很嬈擺，看到的人會大叫 Bravo，水喔！

閒話休絮，陳時中部長說吃咖哩會增強免疫力，花甲老翁既然戴粉紅色口罩，抗疫當然要吃咖哩雞。

胡慧玲姊送的屏東「綠農的家」洋蔥還剩兩顆，冰箱有馬鈴薯和胡蘿蔔，買四顆蘋果一百塊，蔬果就齊備了。我加了兩片寫字班學生張博欽幫我買的厄瓜多百分之七十五純巧克力豆。友人送的薑黃粉才用過一點兒，寫字班學生金漢強到印度出差，帶回來送我的香料，這些香料都是咖哩。漢強說，印度香料味道很重，怕我不習慣。講得我不敢用來做菜，怕真的味道太重。既然要吃咖哩雞，當然要用正宗印度咖哩，味道再重也不怕。不過說不怕是騙人的，無非夜半吹口哨。香料上的番文和我不熟，何種成分多少，什麼配料若干，查完字典我都做完菜了。但仍是不敢多用，剜兩湯匙咖哩粉聊備一格。

蔬果切大丁（講小塊也行），只有蘋果不是。蘋果刻意切成三角形，好跟馬鈴薯有區別。蓋四種蔬果中，馬鈴薯最不容易熟，要先試吃，馬鈴薯熟，其他蔬果就熟了，而馬鈴薯和蘋果都是白色，下鍋後不容易區分，我曾在夾馬鈴薯試吃時，連續三次都夾到蘋果，後來乾脆將蘋果切成三角形，免得試吃時老是夾錯。

熱鍋，下稍多的橄欖油，先下薑黃炒帶骨雞塊。雞塊是自己剁的，我不喜歡老闆幫我剁雞，一則未冷凍的整雞軟趴趴，常常剁得皮開肉綻，慘不忍睹；再則剁好的雞塊冷凍後，解凍時甜分會嚴重流失。所以家裡準備了金合利剁骨刀，用來剁雞和切排骨。雞是臺東亨仔，不是土雞，土雞不耐煮，煮老會柴。炒到雞塊變白，撈起置盤中備用。日本咖哩塊和巧克力一齊下鍋化開，邊化邊加水，用勺子壓散，煮成膏泥狀，下蔬果料，隨抓隨下，沒有先後次序，加水，水線淹過蔬果，下印度咖哩粉，開大火，水滾後轉中小火慢燉，燉煮時用勺子攪拌，庶免沾鍋。我向來不用不沾鍋，亦非鑄鐵鍋，而是日本山田鐵鍋，用鐵片錘打成形者。我炒菜亦不用鍋鏟，而慣用中長度料理筷或鐵勺，翻菜用左手拋鍋。因料理筷體積小，攪拌不便，故爾使用勺子。燉煮約二十分鐘，試吃馬鈴薯，已熟，下炒好的雞塊，燉煮十分鐘，關火。

裝飯，用力壓緊，讓飯看起來飽滿些。平常晚餐我吃一碗飯的八分滿，為了壓緊，飯量幾乎是平常的兩倍。盛好飯，壓緊，倒扣到瓷盤裡，用勺子舀咖哩雞倒進盤子，咖哩雞飯於焉告成。

晚餐就一道咖哩雞，配料有洋蔥、馬鈴薯、胡蘿蔔、蘋果，營養很足夠。加了巧克力，

01 寫字班學生送的印度咖哩之一。02 好吃的咖哩雞飯上桌了。

03 用 LE CREUSET 愛馬仕橘鑄鐵鍋燉煮紅燒牛肉。
04 舀一小盤咖哩牛肉當晚餐。

心情很愉悅。防疫要吃咖哩雞，花甲老翁吃好，吃滿，頭好壯壯。

媒體、網路充滿責罵聲，幾位醫師好友盡力解釋，猶自徒勞無功。許多人詛天咒地罵政府，如果詛天咒地罵政府有效，我打字速度絕對比大多數人快。花甲老翁是高危險群，任教的學校改為遠距教學，乖乖待在家裡，心裡想著不要給社會添麻煩。疫情初起時已準備好喉糖、普拿疼和血氧計，以備確診之需。近日補充快篩劑、五天份清冠一號和鄭杏泰救肺丸，萬一確診可以應急。

備妥藥品就該準備食物了，冰箱和冷凍櫃很豐滿，預做加熱即可食用的膳食，以備不時之需。冷凍櫃裡有四條牛肋條，做一鍋紅燒牛肉，夠吃好幾餐。燉牛肉需要一個小時，順道煮一鍋咖哩，用高湯杯分裝好放冷凍櫃，吃的時候加上蔬食或肉品就可以當一道菜。

因紅燒牛肉和咖哩所需食材接近，燒香看和尚，一事兩勾當。兩條胡蘿蔔切大丁，洋蔥切小丁，兩顆蘋果切三角形，一顆馬鈴薯切大丁，蓋馬鈴薯和蘋果顏色接近，切不同形狀方便分辨，試菜時只要馬鈴薯熟其他食材就都熟了。

鑄鐵鍋燒水，水滾，原本要用可樂（紅酒）燉煮，家裡沒有可樂，不想特別去買臺灣啤酒，到儲藏室取啤酒頭二十四節氣啤酒立夏代替，精釀啤酒愛好者可能會罵我焚琴煮鶴，糟蹋佳釀。下蒜頭、蔥結、蘋果和馬鈴薯。牛肉用紅酒和牛排調味粉略醃，起油鍋，下薑片，牛肉和洋蔥炒香，移入鑄鐵鍋，加入冰糖、紅酒、生淺二色醬油，燉煮一小時。

鐵鍋起油鍋，蒜頭爆香，炒胡蘿蔔和洋蔥，加水，加薑黃粉，水滾，投入蘋果和馬鈴薯，注水，淹沒食材，水滾，加入自己調理的印度咖哩和日本咖哩，投五顆巧克力原料豆，轉中小火燉煮，不時以鍋勺撈動咖哩，避免底部沾鍋。約燉煮半小時。用料理筷夾馬鈴薯丁試吃，如是者三、四，至馬鈴薯熟，燉煮五分鐘，熗米酒頭，關火。

舀一小碗咖哩，加四塊紅燒牛肉，熱騰騰的咖哩牛肉上桌。剩下的紅燒牛肉分裝五個高湯杯放冷凍櫃，可以單吃，也可以煮一把麵，加半顆番茄，一棵青江菜，做一碗牛肉麵；舀半碗咖哩，加些薑黃，加幾塊紅燒牛肉，就是好吃的咖哩牛肉。做好的咖哩用夾鏈袋分裝六袋，要吃的時候，燙些白花椰或食蔬，起油鍋，蒜丁、辣椒爆香，加些薑黃，加水翻炒，加入老咖哩，香噴噴的咖哩食蔬很快可以上桌。雞肉、羊肉、牛肉依法處理，神明變化，方便好食。

前一天的剩菜有干絲肉絲和雪菜炒筍丁，新做的咖哩牛肉，加上回熱的香菇竹筍雞湯，三菜一湯食飽飽。

自己做菜飯佐鳳梨苦瓜雞

我一般比較常做客家式的鳳梨苦瓜雞，用生鳳梨加黃米豆醬；偏外省菜作法亦可用生鳳梨加豆瓣醬。

在轉屋路邊菜攤買菜，隨意看看有什麼。我問老闆有沒有白玉苦瓜，老闆說現在非產季，白玉苦瓜又醜又貴，我看架子上有綠色苦瓜，選了一條中等尺寸的。前兩天在這家菜攤買到蔭冬瓜，知道店裡也賣醃鳳梨，大玻璃罐裡還剩下大半罐，我請老闆秤了一百塊錢給我。

架子上的青江菜翠綠鮮嫩，一大把才十塊錢，老闆說這個季節青江菜大出，便宜又好，於是買了一把，兩棵用來做菜飯，剩下的醃雪裡蕻。順手抓了一把蔥，這家的蔥來自宜蘭，蔥白比較長，雖然並非三星蔥。

到屋，整理食材，磨刀霍霍做晚餐。我一般比較常做客家式的鳳梨苦瓜雞，用生鳳梨加黃米豆醬；偏外省菜作法亦可用生鳳梨加豆瓣醬做，晚上決定做比較接近臺式的鳳梨苦瓜雞，用醃鳳梨。

有一段時間沒有吃菜飯了，自從隆記歇業以後，吃了幾家江浙館子的菜飯，都不愜我心。猶記昔時到隆記吃飯，一碗菜飯加黃豆湯，琳瑯滿目的盆頭菜，蔥㸆鯽魚、烤麩、㸆菜、豬元寶、油爆蝦、搶蟹，隨手取三兩盤，亦就吃得咂嘴腆肚。近年米其林星星入侵臺灣，一些餐館的價格水漲船高，幾家號稱香港師傅來臺擔任主廚的高價餐廳，一桌菜動輒數萬，每個人攤下來要數千，確實有點虛高了。有些江浙餐館的菜飯看起來很漂亮，青江菜青翠鮮綠，但就是不香。菜飯這種庶民吃食，硬是丫鬟當起小姐，老覺著幾分彆扭。一碗翠綠鮮嫩卻沒有香氣的菜飯，吃起來就是不對路。許多餐館的菜飯係將菜料跟煮好的白飯拌一拌，燜一下就上桌。好看是好看，問題在菜飯是用來吃的，不是用來看的，菜飯這玩意兒重點是要香。

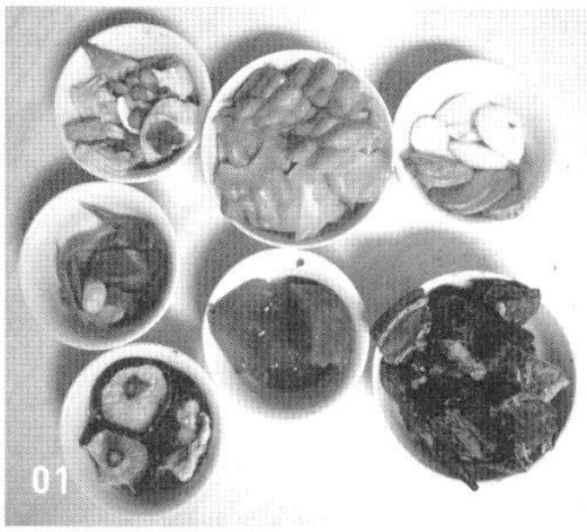
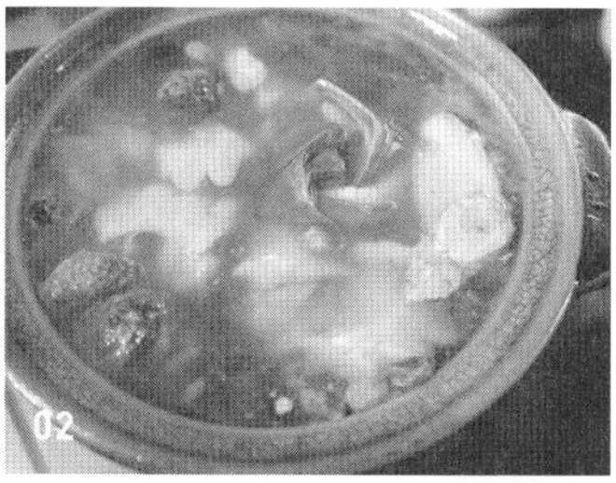

01-02 上為鳳梨苦瓜雞備料，下為成品。03 菜飯。04 瑤柱芥菜。

很多人用眼睛和耳朵吃飯，依據米其林指南的星星或五百盤評斷膳食之良窳，以及追隨所謂美食家或網紅推薦，拿香跟拜，許多排隊店就是這樣起來的。連最個人化的飲食品味，都搞得跟穿制服一樣，實在無趣得緊。雖然我知道有幾家江浙館子的菜飯很不錯，看看價格，難免有點捨不得，於是決定自己做。

用新買的九江刀剁烏骨雞塊，九江刀是燒臘店師傅用來剁雞切肉的刀，能切能剁，果然好用。綠苦瓜縱切四條，取其半以內刀切薄片，苦瓜比較不苦，剩下的半條準備改天做鹹蛋苦瓜。

鳳梨苦瓜雞備料甚為簡單，帶骨雞切小塊，豬腳剁小塊（帶香和增加膠原蛋白），薑切片，蒜頭去皮，蔥打結，六朵鈕釦香菇，一小碟醃鳳梨。土鍋煮水，水滾，投人蔥結、蒜頭、鈕釦香菇。鐵鍋起油鍋，薑片爆香，炒至薑片色呈金黃，加水，下帶骨雞塊，加一點兒麻油炒香，至雞肉斷血水，顏色轉白，移入土鍋。鍋底油炒苦瓜片和苦瓜籽，斷生後移入土鍋。苦瓜籽很香，我喜歡加入湯裡。做鹹蛋苦瓜我也會將苦瓜籽與苦瓜片一起過油，如果苦瓜過水或生炒，就在炒的時候加入苦瓜籽。鳳梨苦瓜雞食材和配料移入土鍋後，加鹽巴和調味料，燉煮四十分鐘，加米酒頭，關火。

燉煮鳳梨苦瓜雞時，備料菜飯。兩杯花蓮吉安鄉農會的天皇御用米吉野一號，一兩金華火腿肉切絲，轉刀切小丁。這次選用金華火腿，用培根肉、家鄉肉或醃漬鹹肉亦可，客家鹹肉加了黑胡椒，味道太重，比較不適合。青江菜兩棵，直刀切條，再轉刀切丁。起油鍋，先煸金華火腿，次下青江菜莖，加一小匙鹽，最後將洗好的米下鍋炒香。土鍋加三杯水（米水比為一比一點五），將炒過的金華火腿、青江菜和米移入土鍋，水滾，煮十分鐘，關火，加入青江菜葉，燜十分鐘。

昨天留下兩個剩菜，南瓜盅和梅干菜燒苦瓜，加做一道瑤柱芥菜。蒜頭去皮切小丁，小辣椒切圈，大紅椒斜刀，芥菜取莖葉厚肉部分切大塊，干貝事先蒸熟，取四顆泡水捻開備用，舀一小匙臺東成功鎮農會出的鬼頭刀干貝醬。鐵鍋燒水，加一小匙冰糖，水滾，芥菜過水五分鐘，因莖葉肉厚，多汆燙些時間使其變軟。起油鍋，蒜丁、辣椒爆香，加水，下鹽和調味料，下芥菜，下干貝，轉大火，小拋鍋翻炒，因食材皆已熟，炒兩分鐘，下鬼頭刀干貝醬，用玉米粉加水小勾芡，熗紹興酒，起鍋。

青江菜土氣鮮明的菜味，伴隨金華火腿的鹹香，與天皇御用米吉野一號的細緻香氣結合，令人口水流毋煞。新炒的瑤柱芥菜，加兩個剩菜南瓜盅和梅干菜燒苦瓜，配上醃鳳梨做的臺式鳳梨苦瓜雞，平常晚餐只吃一碗飯的我，破例多加了半碗菜飯。

年年有魚分列式

煎魚常用之法甚多，我自己喜歡塗全蛋液，鍋底油略多，時間控制適中，一般不會破皮。

臺灣人圍爐，餐桌上例須有一條全魚，吃年夜飯時夾幾筷子，不能吃完，象徵年年有餘。有些人家裡擺著好看，壓根兒不動筷子，留到新春再食。現代人規矩沒那麼嚴，動手吃沒問題，別吃得剩下魚骨頭就行。

圍爐餐桌上的魚最好喜氣洋洋，近年流行香煎大白鯧，沒有白鯧，金鯧魚也行，聊勝於無。臺灣水產養殖極高明，昔時野生高價魚大部分均可養殖，這方面乃受惠於臺灣水產養殖之父廖一久院士。一些從前的高價魚，諸如午魚、石斑、黃魚、金鯧魚（紅沙），現在均可平價取得，當然亦有特別考究之饕客，非野生魚不食，這是後話。一般尋常人家，養殖魚處理乾淨，滿足口腹之欲，基本上沒問題。

到木新傳統市場買些新鮮蔬果，快過年了，市場食物很豐滿，買了些肉品和綠色蔬菜，繞到魚攤，見有中尺寸的養殖黃魚，問了老闆，價格甚愜我心，於是隨手買了三條，這家魚攤賣魚以堆計，一堆三條。心裡叨念著香煎、蔥燒還是糖醋？上週例行驗血，雖然醣化血色素七點五仍然偏高，得繼續吃藥，醫師說已經有進步，心一橫決定做一道豪華版糖醋魚，紅黃彩虹椒加青蔥，繽紛熱鬧。

我習慣將買回來的魚重新整理，用小魚刀將魚鱗再刮乾淨些，切口加大，劃開龍骨清血，魚腥味的主要來源就是龍骨血，清乾淨就沒有魚腥味了，再用舊牙刷將魚腹刷洗乾淨。

黃魚有野生和養殖之別，野生黃魚價格為養殖之五倍以上；至於餐館宣稱店中所用為野生黃魚，聽聽就好。一九八一到一九八二年間服役金門，軍中伙食常見黃魚，據云乃金門漁民與廈門漁民交換所得。既為軍中日常食材，價格想必甚廉。退伍後見黃魚價格日高，甚至野生黃魚都快吃不起了。

三條黃魚兩百多塊臺幣，當然不會是野生黃魚。清理乾淨後，將其中兩條用輕膠帶黏之塑膠紙封好（我沒有真空包裝機，有時用塑膠袋包裹，有時用輕膠帶黏之塑膠紙封），裝進冷凍櫃。晚餐準備做糖醋的黃魚，簡單刻花，用廚房餐巾紙吸乾水分，塗一層薄薄的全蛋液備用。

部分自煮者想到煎魚常心生恐懼，除了刺身、烤魚、清蒸、魚湯，幾乎所有後製加工魚都須經過煎魚這道手續，乾煎當然得煎，其餘紅燒、蔥燒、蒜燒、糖醋，甚至麻油烏魚、黃魚煨麵、烏魚米粉、鯧魚米粉，其前置作業都是先煎魚。其實煎魚有很多小撇步，任何一種都可以把魚煎赤赤，外酥內嫩，並沒有那麼困難。煎魚最怕沾鍋，因此很多自煮者選擇使用不沾鍋，我對不沾鍋各種塗料有疑慮，故爾向來敬謝不敏，我的炒菜鍋一律是鐵鍋（不一定是鑄鐵鍋，只要是鐵鍋就行），取其導熱快、續熱久，不像不沾鍋那樣溫吞，炒起菜來要死不活，煎魚尤其如此。一般煮食節目常用不沾鍋，仔細看會看到鍋子品牌，以為自己發現大廚師的祕密，別傻了，這是業配哩。

煎魚常用之法甚多，諸如魚身塗橄欖油，季季姊在鍋底塗生薑，曹銘宗學長多加油，半煎半炸。我自己喜歡塗全蛋液，鍋底油略多，時間控制適中，一般不會破皮。

大部分餐館的後加工魚，不論紅燒（蔥燒、蒜燒）或糖醋，前置作業大部分採用過油（炸），蓋過油可一次處理多條魚，依序入鍋，而且不會破皮，廚師較省事，僅有少數餐館在客人不多時會用煎的。

一般糖醋魚作法比較簡單，魚煎好後置盤中，下鋪蔥絲，上鋪蔥絲和大紅椒絲，起油鍋，多加些油，油滾，下調味料，下糖醋，加番茄醬（糖、醋和番茄醬比例為一比一比二），加少許澱粉勾芡，最後淋上盤中之魚，即大功告成。過年做個豪華版糖醋黃魚，花團錦簇，添增喜氣。

薑切片，蔥白切段，大紅椒斜刀（或切絲）；蔥綠切花，鳳梨切大丁，番茄切片，紅黃彩椒切大丁。

起油鍋，鍋底油略多，開大火，魚下鍋後馬上晃動鍋子，讓魚身在鍋底滑動，只要魚身能划來划去，魚就不會沾鍋。十秒鐘後翻面，我習慣用小拋鍋（故爾鍋底油亦不能太多，會噴），無法拋鍋者可用兩支料理夾或兩雙料理筷翻面，用鍋鏟亦可。同樣煎十秒鐘，轉中小火，蓋上鍋蓋，煎兩三分鐘（視魚大小而定），翻面，煎兩三分鐘，起鍋，置盤中備用。做糖醋魚和其他後製加工魚（如紅燒、蔥燒）不同，因為魚不再下鍋，因此必須一次煎熟。

直接用煎魚的鍋底油，轉中火，薑片、蔥白、大紅椒爆香，加點兒水，加糖，加調味料，下鳳梨、彩紅椒、番茄；小拋鍋翻炒後，下白醋及番茄醬，略燉煮，下蓮藕粉勾芡，下料酒，將糖醋醬料澆淋盤中之魚，撒上蔥花，一盤花團錦簇的豪華版糖醋魚大功告成。

愈近年關，白鯧和石斑魚愈貴，有時價格會飆升到平日的兩倍，我一般會在旬日或半個月前買好圍爐用的魚，以免被殺大豬。二〇二二年因中國禁止臺灣農產品進口，石斑魚價格大跌降，平常吃不起的養殖石斑價格平民化，幾近往年售價之半。木新市場外側的魚攤，一斤重的兩條龍虎石斑賣三百元，難怪二〇二二年秋冬之際政府宣稱要讓每個學童的營養午餐都吃得到石斑魚。不過後來漁民找到新出口市場，價格略有回穩，但兩條一斤重的龍虎石斑賣三百元也是夠便宜的了。

臺灣養殖的石斑魚主要有三：龍膽石斑、老虎斑和龍虎斑，老虎斑肉質細緻；龍膽石斑厚皮膠質，令人垂涎三尺；龍虎斑則均略有不及。二〇〇六年馬來西亞沙巴大學以公龍膽石斑與母老虎斑雜交研發新品種石斑，取父母名各一字曰龍虎斑，成長速度快、抗病力強，體型較小，臺灣引進技術養殖成功，因價格相對低廉而普受歡迎。

買到的龍虎石斑極新鮮，魚身還留有黏液。石斑魚以煮湯和清蒸為佳（香煎亦可），據說加上紅棗和枸杞燉湯很補，我的身形已經夠壯碩，不需要這麼補，於是清蒸。

我將魚販剖腹殺好的石斑，其下腹近魚頭處還連接著的部分用料理剪剪開，近魚尾處用小魚刀再劃開一些，以便能跪著蒸。一般蒸魚有三種擺放方式，最常見的是側躺，即用剖腹方式殺魚，蒸的時候魚身側躺，一般餐館蒸魚大部分採用這種方式。我有時會請魚販幫我切背（剖背，蝴蝶切），蒸魚時仰躺，因為切背之故，魚身等於剖兩半，蒸魚可以省點兒時間，約一半或三分之一時間即可。第三種為臺灣民間祭祀用的蒸魚方式，魚腹開大，讓魚腹部朝下，看起來魚像跪在盤子上，名之曰跪蒸。

常見之蒸魚有兩種方式，一種是廣式（港式）蒸魚，廣式蒸魚是真正的清蒸，魚用鹽酒蔥薑水醃好後，在盤子放兩根筷子將魚墊高，讓蒸氣可以穿透底面，避免下半面魚肉泡在湯汁裡，用大火蒸八到十分鐘，倒掉一半湯汁，將蒸好的魚置盤中，淋上調好的蒸魚醬汁，撒上新鮮的蔥薑絲，再澆上熱油，大功告成。

臺式蒸魚先刻花，將魚醃好後，盤底鋪醃鳳梨（樹子、醃冬瓜）、蔥段、薑片，因盤子和魚之間墊蔥段，再放薑片，可隔開魚身之下半部；淋上料酒，置籠床中；水滾之後，用大火蒸八到十分鐘。魚蒸好後，直接上桌。

因為買到的龍虎斑約一斤，魚身長度逾三十五公分，我選擇用一尺三的竹蒸籠，蒸鍋是四十二公分的阿媽牌鐵鍋。先將蒸籠泡水五到十分鐘，待鍋中水滾，擺上備好料的龍虎石斑。

我蒸魚是臺港混合，前半段採臺式蒸魚，盤中鋪樹子、蔥段、薑片，魚蒸好後，將蒸魚湯汁倒入碗中，加入料酒、糖、白胡椒粉（選項）、深淺二色醬油，起油鍋，油略多，油滾，倒入上述醬汁，滾開。蒸魚留盤中，鋪上蔥絲和大紅椒絲，淋上醬汁，上桌。這是有一回參觀諾瓦實驗學校時向廚師學的作法，這種作法會使魚比較入味。

年菜中的香煎鯧魚，作法簡單，好看好食，很受歡迎。因為白鯧魚無法養殖，價格向來居高不下，臺灣的水產養殖業者很厲害，把金鯧魚養得又肥又美，價格約白鯧魚之半，同樣價格可以買兩倍大的金鯧魚，何樂而不為。

見魚攤有賣野生白鯧魚，老闆很機靈，板子上刻意加上野生兩字，使客人容易心動。知情者當然知道白鯧魚無法養殖，一定是野生，魚攤特別標明野生，無非吸引眼球，大發利市。因距離年關還有一小段時間，魚攤所售白鯧魚價格甚為克己，一尾接近一斤的白鯧售價不到四百元，約為除夕前之半價。

一般魚攤售白鯧不代殺，得自行料理。尚幸白鯧腹腔小，用小魚刀輕輕劃開，手指探入清理肚腸，再用舊牙刷刷幾下即可。白鯧鰓小，用小魚刀插入，很容易即可去除。因曾有兩位廚師級友人拔草魚鰓時劃破指頭，故我每次去鰓時都特別小心，寧慢勿快。

殺好白鯧魚，刻花，塗上鹽與料酒略醃，備用。用廚房餐巾紙吸乾魚身水分，用小油漆刷塗上薄薄一層全蛋液。起油鍋，油略多，油溫約至一百五十度（沒有用溫度計量，憑感覺，

01 豪華版糖醋黃魚備料。02 將醬料倒到盤中的黃魚上。03 豪華版糖醋黃魚上桌。04 蒸好的龍虎石斑。

雖然我備有沖咖啡的工業用溫度計），下魚，晃動鍋子，讓魚在鍋底滑動，游來游去，煎十秒鐘；小拋鍋翻面（無法拋鍋者可用料理夾、料理筷或鍋鏟翻面），同樣煎十秒鐘；這樣魚的兩面都已酥硬固形化，就不會破皮了。轉中小火，蓋上鍋蓋，煎三到四分鐘，小拋鍋換面，同樣煎三、四分鐘，起鍋。

盤中先擠半顆檸檬汁，待煎好的白鯧魚置盤中，再擠剩下的半顆檸檬到魚身，這樣兩面都會有檸檬汁。小碟中置胡椒鹽，吃的時候自己蘸。

今年過年特別早，轉眼除夕，趁送完學生期末成績，做三道年年有魚分列式。一方面自己演練圍爐年菜，同時讓害怕煎魚的朋友有所參考，一香煎，一清蒸，一後製加工糖醋魚，希望家家圍爐時，年年有魚。

煮一碗油豆腐細粉

油豆腐細粉端上桌，撒些白胡椒粉，切點兒芫荽，兩肩擔一口，開心食飽飽。

二〇二二年夏天以後，諸事紛至沓來，每日裡行腳匆匆，新歲伊始，提醒自己要安步當車。過完年，回到生活日常，一天散步一天練核心，安頓身心準備開學。

昨天晚上編書稿編得晚了，睡過中午才起床，叨念著要吃一碗熱食。想吃自己做，煮一碗油豆腐細粉。檢點家中食材，取出一紮紅色小包裝的龍口冬粉，再從冷凍櫃取出在木新傳統市場買的油豆腐，昨天泅完水在路邊買的青江菜和青蔥，冰箱裡還有油蔥酥，基本食材尚齊備。

蒜頭去皮切丁，蔥切段，三角油豆腐對切，大片青江菜對切，小片不動刀，看到用一半的大白菜，剝了一片清洗，手撕大片，冬粉放在小碗公裡泡一下水。我做油豆腐細粉和粉絲煲喜用紅色包裝的龍口冬粉，比綠色包裝容易熟，綠色包裝是純綠豆做的，耐煮，適合吃火鍋。

起油鍋，蒜頭、蔥白爆香，加鹽和調味料，加水，依序投入油蔥酥、油豆腐、包心白菜，略炒；加水，下粉絲，水滾，加一次過面水，煮五分鐘，下青江菜、蔥綠，煮一分鐘，熗紹興酒，起鍋。

油豆腐細粉是庶民吃食，食材便宜，簡單好做。新世紀以後，米其林星星、五百盤和網紅名店風行，許多人用眼睛和耳朵吃飯，臺北有幾家著名的排隊餐館，小籠湯包和油豆腐細粉賣得老貴。昔時偶爾造訪的老店、新店，近些年去得少，蓋想到排隊就打退堂鼓了。昔時

01-02 上為臺版油豆腐細粉，下為上海版油豆腐細粉。

庶民吃食的菜飯、黃豆湯、酸菜白肉鍋、小籠湯包、油豆腐細粉，丫鬟塗脂抹粉，就當自己是小姐了。我反倒喜歡臺北文山區尚存的古樸之風，景美市場邊景文街有一家榮記點心，店裡賣些小籠包、蒸餃、燒賣、馬來糕、油豆腐細粉，口味頗愜我心，價格克己，我去景美夜市時，常會繞過去吃些點心。萬芳醫院附近有一家福鼎湯包，店裡的三款湯包：小籠湯包、韭黃鮮肉湯包、絲瓜蝦仁湯包；四種蒸餃：菜肉、花素、香菇、蝦仁蒸餃；還有豆沙鍋餅及蔥油餅，口感均佳，小菜一盤四十五元，經濟實惠。至於將丫鬟當小姐的名店，有人煮，有人吃，有人願意排隊，你情我願，生意興隆，皆大歡喜。

油豆腐細粉端上桌，撒些白胡椒粉，切點兒芫荽，青花瓷碗公，阿媽牌湯匙，兩肩擔一口，開心食飽飽。

二〇二三年元月，我將煮油豆腐細粉的食記貼上網路後，臺大歷史系查時傑教授上來留言，說明上海油豆腐細粉作法：我家鄉的油豆腐細紛，常當早餐吃，用料考究，不用綠色青菜，用黃白菜，油豆腐、細粉外，也用百頁、蛋皮切絲，湯頭是雞湯。時傑教授是史學前輩，出身浙江望族查家，是中國近代史和基督教史專家，對我照顧甚多。檢點家中食材，尚為齊備，只缺百頁，尚幸冷凍櫃有百頁結，微波解凍，把結解開切絲即可。至於蛋絲，雖然二〇二三年二月以後臺灣出現蛋荒，煎顆蛋切絲，還不至於拿不出來，於是仿做一碗上海式油豆腐細粉。

飲食常有土著化或文化融合的現象，譬如寧波蒸臭豆腐傳到臺灣改成炸臭豆腐，江浙油豆腐細粉傳到臺灣，黃白菜換成青江菜；一些小吃店煮麵多用青江菜或中白菜（蚵白），油豆腐細粉改用青江菜或即緣此而來。

剝兩片包心白菜，手撕；蒜頭去皮切小丁；兩塊三角油豆腐對切一刀仍是三角；一紮龍口紅標冬粉泡水備用；打一顆蛋，起油鍋香煎，切絲；解開百頁結，切段，長度約食指兩節，轉刀切絲；半杯雞高湯，解凍備用。起油鍋，轉小火，蒜丁爆香，下油豆腐、百頁，略炒；加水，加鹽和調味料；下包心白菜，轉大火快炒；加水，下蛋絲，加雞高湯，煮滾，下粉絲，煮至湯滾，加一次過面水，燉煮五分鐘；熗紹興酒，起鍋。

上海版油豆腐細粉裝在青花瓷碗公裡，阿媽牌湯匙換成瓷湯匙，感覺這樣比較接近外省飲食習慣。可能因為加了蛋絲和雞高湯的緣故，上海版油豆腐細粉味道感覺特別香。

吃完油豆腐細粉，煮一壺水，沖一壺咖啡，泡一壺茶，音響傳來布拉姆斯（Johannes Brahms）小提琴奏鳴曲《雨之歌》（Violin Sonata No. 1 in G Major, Op. 78），偎著窗外的春雨綿綿，日子就這麼過著。

嫩雞茄子煲

用雞腿肉做的嫩雞茄子煲，肉質果然比較鮮嫩，完全符合嫩雞茄子煲的菜名。

大年初一行春祈好運，河堤斜坡上的櫻花葳蕤燦爛，期待好年冬。

近幾年媒體和網路都將行春寫成走春，殆已積非成是。福佬話和客家話的「行」是慢慢走的意思，漢字的「走」在客家話和福佬話均為跑，寫走春則成跑春的意思，老覺著怪。教育部《臺灣閩南語常用詞辭典》行春條云：音讀 **kiânn-tshun**，釋義：一、拜年；二、踏青，春天時到郊外散步遊玩。例：因今仔日去草山行春（**In kin-á-jit khì Tsháu-suann kiânn-tshun**，他們今天去陽明山踏春）。福佬話和客家話的春諧音賰，有賰者，剩下也，即有餘之意，行春即行有餘裕者也，走春還真完全看不出行春之雅意。

新舊年交替，為討好口彩，喜在值年生肖加個金字，諸如金雞、金虎、金牛，癸卯是兔年，於是乎成了金兔。其實二〇二三兔年干支癸卯，癸為水，宜為水兔年，遇水則發。

古人干支紀年不會加年，即不會寫癸卯年，蓋寫癸卯即知是年，年則是年號，王羲之〈蘭亭集序〉：「永和九年，歲在癸丑」；顏真卿〈祭侄文稿〉：「維乾元元年，歲次戊戌」；蘇軾〈赤壁賦〉：「壬戌之秋，七月既望」。現代人不明其理，逕寫癸卯年，其實是不合式的。干支紀年不寫年字，是書畫和骨董鑑定的要訣之一，懂行的就懂，不懂行的假行家馬上露餡兒。當代書畫家落款，因腹笥不寬，多有寫干支加年者，看了只能苦笑。蓋裝腔作勢不成，徒留笑柄。我承認自己假掰過，文青年歲學人家寫什麼丙午年之類，現在想起來還真覺得有點兒羞愧。直接說比較簡單，落款寫癸卯年是錯的，寫癸卯春是對的；寫癸卯夏月是對的，寫癸卯年夏月是錯的。

至於古人干支紀年加寫年者亦偶見之，並非完全沒有。如大清國書法家伊秉綬即曾落款「嘉慶乙亥年」，其傳世的書法作品中亦有款署某某年、某某歲的情況。清初書畫家吳曆題畫款中，亦出現干支加年，〈溪閣讀易圖軸〉款署「戊午年嘉平二十七日擬古」。晚唐詩人韋莊有〈丙辰年鄜州遇寒食城外醉吟五首〉，北宋蘇軾〈牛口見月〉：「忽憶丙申年，京邑大雨。」但這些用法均屬偶見，伊秉綬是使用次數較多者，其他人均僅一見，為數甚少，不為常例。

如果這樣還看不懂，我亦惟徒呼負負。但這也莫可奈何，連手機上標示的日期都直接寫癸卯年，還真拿它一點辦法都沒有。現代人的積非成是，一至於此。

五行中水德色尚黑，於是我穿得一身黑行春，討個吉兆。

二〇二三年閏二月，臺灣民間稱閏月之年為大龜年，蓋指多了一個閏月，年走得慢。癸卯閏二月，一年內會出現兩個立春節氣，一在癸卯正月十四（新曆二月四日），另一在癸卯臘月二十五（新曆二月四日），名之曰雙春年。《紅樓夢》第五回賈元春的判詞，「虎兔相逢大夢歸」，一般習俗交年以立春為準，故爾真正的兔年開始於二〇二三年二月四日（即舊曆正月十四，元宵節前一天）。

小時候鄉下農會新舊年之交會發春牛圖，粉紅色的紙貼在牆壁上，一年的吉凶日都註記其上，鄉下人即依春牛圖看日子上梁、結婚、遷居、喪葬，更詳細者為農民曆，也是鄉鎮農會所發，文具行亦可買到。從前的時代，鄉下人都依春牛圖和農民曆過日子。現在很少看到農民曆，更別說春牛圖了。印象裡有一年，春牛圖上註記著雙春雙雨水，長輩們說這是一個好年。二〇二三年是雙春，但新曆二月十九日雨水春節已過，故非雙雨水，但一般雙春象徵好年。

且不論雙春，先顧自己的肚腹，佛祖讓別人顧。堤岸溪水潺潺，坡上櫻花燦爛，腦子裡轉著做點兒什麼填肚腹。

嫩雞茄子煲是曉鹿鳴樓名菜，有一回臺大歷史系主任楊肅獻教授請客，點了這道菜，因係館子招牌菜，不便問師傅食材和作法，服務生不懂，問了亦是白問。心裡想著，既然照方抓藥無門，就自己揣摩，做將起來。

平常試做過幾次，用雞胸肉，退冰後讓去骨雞肉吸飽水，避免肉柴，做了幾次，不是很成功。心想過年吃好點兒，用雞腿肉試試看。我做蔥爆雞丁、醬爆雞丁、辣子雞丁、宮保雞丁，大部分時候使用雞胸肉，蓋價格便宜之故也，做左宗棠雞才會用雞腿。有時想想，自己並非嗜肉者流，食材實在不必過省。歲過花甲，吃飽睡好是人生第一要義。

從冷凍櫃取出去骨雞腿一隻，退冰後去皮，皮切大塊，留下來煸油，肉切大丁備用。茄子切段，中剖。不論過水（汆燙）或過油，茄子皮接觸空氣容易變黑，因此我喜歡切段對剖，這樣只要茄子皮朝下，就不會接觸到空氣，顏色會比較美。一般食譜教滾刀切茄子，再授以將茄子壓到油裡或水裡，避免顏色變黑，我覺得不是很理想。對剖或滾刀口感當然有別，哪種方式更好，如人飲水。

半顆洋蔥切丁，六朵鈕釦香菇泡水備用（大、中香菇切片亦可，我自己比較喜歡鈕釦香菇），燻焙根肉切條如指幅，洋蔥切小丁（洋蔥先切片再切丁，切片時不要切斷，留下手握處，切丁時左手握著比較好切，最後洋蔥離手後，再亂刀切手握處），蔥切段，蒜去皮切小丁，薑切絲，小紅椒切圈，大紅椒斜切（不喜辣者可不加），兩小匙糯米椒醬。糯米椒醬是國中同學范姜美玉手工所製，極愜我舌，吃完後又厚顏討了一罐。一般則是用沙茶醬或豆瓣醬（喜辣者可用辣豆瓣醬）。

起油鍋，茄子、雞丁過油，備用。用雞皮煸油，薑、蒜、蔥白、辣椒爆香，下洋蔥略炒，下培根肉、香菇，下糯米椒醬，加一小碗水，轉中大火爆炒。下冰糖，加一碗水，雙色醬油，加一點紹興酒，加水，滴些李錦記蠔油（選項，可加可不加），爆炒，撒點白胡椒粉和花椒粉（選項），抛鍋，將熟，下雞丁和茄子，翻炒，抛鍋，轉大火，抛鍋兩次，移入土鍋燉煮五分鐘，下蔥綠，熗烏醋，關火。亦可不移到砂鍋，直接在鐵鍋上燉煮。但因鐵鍋接著要炒菜，一般我會移到砂鍋燉煮。

因為茄子非常吸油，有健康疑慮者，茄子可以不必過油，改採汆燙，但要記得茄皮朝下。

如果茄子汆燙，雞腿肉亦不必過油，改用炒。即用雞皮煸油，再炒雞丁，取出備用，雞皮煸油主要目的是取雞油之香氣。鍋底油直接用薑、蒜、蔥白、辣椒爆香，進入下一程序。做蔥爆雞丁、醬爆雞丁、辣子雞丁和宮保雞丁亦可用雞皮煸油，做出來的各式雞丁會比直接用橄欖油香很多。

嫩雞茄子煲上桌後，撒些蔥花擺盤，像不像三分樣。用雞腿肉做的嫩雞茄子煲，肉質果然比較鮮嫩，完全符合嫩雞茄子煲的菜名。

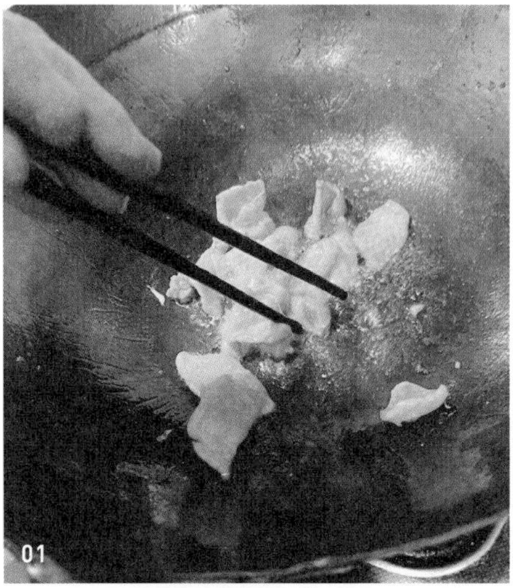

01 用雞皮煸油。**02** 土鍋加入雞丁和茄子，小火燉煮。**03** 嫩雞茄子煲上桌。

昔時鄉下辦桌好滋味，自己料理端上桌。
沒錢上酒家，在家做道酒家菜。
冷冷的冬天，燉一鍋熱熱的湯，
從嘴裡暖到心底，整個人都熱起來了。

當代名家
歡喜來煮食：以料理滋養生活，作家吳鳴的42篇日常食記

2023年11月初版 定價：新臺幣450元

著者	吳鳴
繪者	唐偉德
叢書主編	陳永芬
校對	陳佩伶
美術設計	初雨設計工作室

出版者	聯經出版事業股份有限公司
地址	新北市汐止區大同路一段369號1樓
叢書主編電話	(02)86925588轉5306
台北聯經書房	台北市新生南路三段94號
電話	(02)23620308
郵政劃撥帳戶第0100559-3號	
郵撥電話	(02)23620308
印刷者	文聯彩色製版印刷有限公司
總經銷	聯合發行股份有限公司
發行所	新北市新店區寶橋路235巷6弄6號2樓
電話	(02)29178022

副總編輯	陳逸華
總編輯	涂豐恩
總經理	陳芝宇
社長	羅國俊
發行人	林載爵

行政院新聞局出版事業登記證局版臺業字第0130號

本書如有缺頁，破損，倒裝請寄回台北聯經書房更換。 ISBN 978-957-08-7127-2 (平裝)
聯經網址：www.linkingbooks.com.tw
電子信箱：linking@udngroup.com

國家圖書館出版品預行編目資料

歡喜來煮食：以料理滋養生活，作家吳鳴的42篇日常食記/
吳鳴著．唐偉德繪．初版．新北市．聯經．2023年11月．276面．
17×23公分（當代名家）
ISBN　978-957-08-7127-2（平裝）

1.CST：飲食　2. CST：文集

427.07　　112015590